作者方金山现场指导
林地种菇（江西　周贵香摄）

成林空间搭菇棚

林旁建造养菌房

林间吊栽黑木耳（黑龙江 聂林富供）

林间棚内架层育花菇

林下菇棚袋栽杏鲍菇

林下拱棚地栽鸡腿磨

小拱棚地栽香菇

小拱棚地栽金福菇

小拱棚覆土栽培杏鲍菇
（福建　叶丛永供）

免棚草帘畦栽双胞蘑菇

培养料装袋

袋头扎口

料袋集筐

常压灭菌

排场散热

食用菌林下高效栽培新技术

编著者
方金山　周贵香　方　婷
孙　刚　肖秀兰

金　盾　出　版　社

内 容 提 要

本书针对我国食用菌产业发展空间，瞄准林地，根据市场需求为目标，阐述林下种菇经济意义。重点介绍林下栽培香菇、黑木耳、杏鲍菇、竹荪、灰树花、双孢蘑菇、草菇的生物特性、对环境条件要求、林下栽培适用方式、播种季节、栽培管理技术、生产中疑难杂病排除、以及产品采收、菌渣排放处理技术，共9个部分。内容新颖，技术先进，通俗易懂，针对性和可操作性强，适合广大农户、专业合作社及基层农技人员阅读，对农林院校师生和科研人员有参考价值，亦可作为职业技能和农民创业培训教材。

图书在版编目(CIP)数据

食用菌林下高效栽培新技术/方金山等编著. — 北京：金盾出版社，2013.7(2018.4重印)

ISBN 978-7-5082-8189-6

Ⅰ.①食… Ⅱ.①方… Ⅲ.①食用菌类—蔬菜园艺 Ⅳ.①S646

中国版本图书馆CIP数据核字(2013)第047027号

金盾出版社出版、总发行

北京市太平路5号(地铁万寿路站往南)

邮政编码：100036 电话：68214039 83219215

传真：68276683 网址：www.jdcbs.cn

北京天宇星印刷厂印刷、装订

各地新华书店经销

开本：850×1168 1/32 印张：5.125 彩页：4 字数：118千字

2018年4月第1版第3次印刷

印数：11 001～14 000册 定价：16.00元

前言

食用菌生产已成为广大农村脱贫致富、实现小康的一条有效途径，成为各级地方政府关注民生、为民办实事的一项策略。随着栽培面积的不断扩大，尤其是近年来食用菌进入工厂化设施栽培，占用粮田建厂搭棚逐年扩大，粮田面积逐年减少。然而土地是不可再生资源，因此菇粮争地矛盾日益突出。

发展林下食用菌产业，是解决菇粮争地矛盾的战略性措施，也是增加农民收入的有效途径。林地栽培食用菌之后，排放的菌渣，是一种有机肥，可直接回林地增加肥料，改良林地土壤，促使林木加快生长，其实质是“近期得菇，长期得林，以短养长，良性循环”，促进菇业和生态林业两项可持续发展。

发展林下菇业，可以充分发挥用材林正常砍伐与林地更新抚育间伐材、经济林的果桑修剪枝条，以及木材加工厂的边材碎屑等下脚料，作为代料栽培菇菌，有效地解决了种菇砍树的焦点难题。推动了林业产业结构的调整，由传统单一的木材生产，向林菌高效复作模式发展，使广大农民看到了新型产业结构调整带来的巨大经济效益，更加爱护森林，发展林业。

林下良好的生态环境，为菇业发展提供了天然良地，促进经济生态化、生态经济化，优势互补，相互促进，林地综合效益倍增。2009 年 10 月 17 日中共中央胡锦涛总书记视察山东邹平芳绿农业科技有限公司时，对食用菌产业在现代循环农业和生态农业中发挥的重要作用，给予了充分肯定。

林下菇业的开发，不仅解决了菇粮争地、菇林和谐发展，更重要的是为山区农民开辟了一条种菇致富新门路。充分利用林下资源，走出“用空间换面积，用技术求效益”的食用菌特色发展之路。

林下菇业已成为广大山区农民保护生态、利用生态，创造财富，实现小康的一个好路径，使更多山区农民热爱林业、保护林业，发展林下菇业。但也应当看到一些林区，由于对食用菌的生物特性没有很好掌握，应用栽培模式没有对号入座，栽培管理技术不到位，以至于生产效益欠佳。

鉴于发展林下菇业的诸多因素，激励着笔者去编写这本《食用菌林下高效栽培新技术》书籍，希望能为广大农民朋友提供林下种菇有益的参考，争取获得更好的经济效益，加速实现小康，这是我们最大的心愿。

本书编写过程得到有关部门领导重视和国内同行专家的支持；我国著名食用菌专家丁湖广高级农艺师为全书审改，在此一并致谢！我国林下菇业的开发，各地科研人员做出重大贡献，对他们的发明创造表示崇敬，书中引用资料尚未一一表明的，敬请见谅！由于编者水平所限，收集资料不全，书中纰漏之处，敬请专家及生产实践者批评指正！

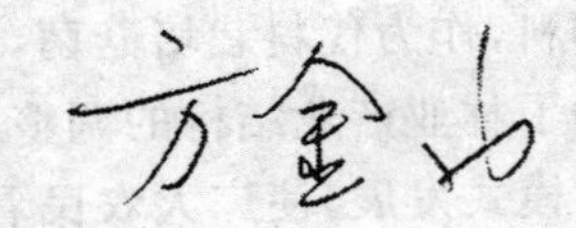

注：方金山，全国农村科普带头人，中国专业合作社十佳理事长，江西省劳动模范，现任江西省抚州市金山食用菌研究所所长，高级农技师。

咨询电话：13979402079，18970481888

电子邮箱：fangjinshan2005@163. com.

目 录

目　录

第一章 概 述

一、林下栽培食用菌的意义

(一)拓宽菇菌栽培地域,解决菇粮争地矛盾

食用菌生产已成为广大农村脱贫致富、实现小康的主要经济来源,成为各级地方政府关注民生、为民办实事的一项策略,相继出台了许多惠民政策,加大财政扶持力度,有力地促进了菇菌产业迅速发展。据有关部门统计资料显示,2011 年全国食用菌总产量 3 000 多万吨,跃居世界首位。许多贫困山区通过种菇搞活经济,实现了小康,这已成为不可否认的事实。

随着食用菌栽培面积的不断扩大,必然出现与粮争地的情况,形成菇粮矛盾。福建菇业发展全国名列前茅,但粮田面积有限,前些年闽北某县政府下令"退菇还粮",仅几天时间全县 400 多个菇棚,就有 80%被拆除。然而土地是不可再生资源,近年来食用菌产业进入工厂化设施栽培,占用粮田建厂搭棚逐年扩大,粮田面积逐年减少,菇粮争地矛盾日益加剧。

发展林地食用菌产业,是解决菇粮争地矛盾的战略性措施,也是增加农民收入的有效途径;林地栽培食用菌之后,排放的菌渣,是一种有机肥,可为林地增加肥料,改良林地土壤,促使林木加快生长,其实质是"近期得菇,长期得林,以短养长,良性循环",从而促进菇业和生态林业两项可持续发展。山东省高密市有林地约 4 万公顷,森林覆盖率达 38.4%,近年来该市把发展林下种菇列入农业产业十大项目之一。市政府出台了《关于加快林地食用菌发

展意见》，财政对面积在 1 334 米^2 以上的林地种菇户，按每袋 0.2 元的标准进行补贴，信贷部门提供专项贷款，促进林下菇业发展。全市林下种植黑木耳、香菇等品种 800 公顷，农民增收 7 000 多万元。林地菇业不仅成为农村经济发展新的增长点和农民增收的又一条新途径，也成为有识企业家开发林地经济的一种方法。上海市兆旺蕈菌有限公司总经理彭泽福利用青甫区近百公顷香樟树林下，发展袋栽香菇、黑木耳 60 万袋，成为绿色种菇基地。

(二)推进林业产业结构调整，提升整体效益

森林孕育着菇。菇(指木生菌)是森林之子，是大自然对人类回报的一种方式。千百年来我国山区农民利用林木资源发展种菇事业，作为谋生的一种手段，已世代相传。

由于食用菌是一项资源消耗型产业，菌林矛盾是许多主产区制约发展的因素之一。前些年福建省和河南省主产区的地方政府，相继出台了《禁止砍树种菇》的强制性文件，致使菇业，尤其是香菇生产出现下滑，菇民生活受到严重威胁。

“发展菇业和生态保护”，关键在于正视林菇关系，妥善解决种菇原料。福建省古田县首创了代料栽培食用菌，以棉籽壳、玉米芯、甘蔗渣、林果桑枝条等代替木料，栽培各种菇菌，每年平均节约木材 2 亿多米^3，有效地保护了森林资源，又解决了种菇原料的难题。

发展林下菇业，可以充分发挥用材林正常砍伐和林地更新抚育间伐材、经济林的果桑修剪枝条，以及木材加工厂的边材碎屑等下脚料，作为代料栽培菇菌，有效地解决了种菇砍伐的焦点难题。推动了林业产业结构的调整，由传统单一的木材生产，向林菌高效复作模式发展，使广大农民看到了新型产业结构调整带来的巨大经济效益，更加爱护森林，发展林业。良好的生态环境为菇业发展提供了天然良地，促进经济生态化、生态经济化，优势互补，相互促进，林地综合效益倍增。

（三）广开山区农民致富门路，加速实现小康

林下菇业的开发，不仅解决了菇粮争地，使菇林和谐发展，更重要的是为山区广大农民开辟了一条致富新门路。古长城北侧的河北兴隆县有林地 25.5 万公顷，森林覆盖率 46.7%，是林果大县，气候冷凉，昼夜温差大。该县充分利用林下资源，走出一条“用空间换面积，用技术求效益”的食用菌特色发展之路，全县生产菇菌 5 500 万袋，农民增收超过 1 亿元。湖北省保康县核桃种植面积 3.3 万公顷，全县每年修剪核桃枝条近 8 000 万千克、核桃壳 6 000万千克，这 2 项共 1.4 亿千克，用于生产菇菌 5 180 万袋，农民收入增加 5 000 多万元。

二、林下栽培菇菌的基本条件

（一）林业气候资源的利用

林业气候资源是指森林的分布、林木的组成和林木生长地区的气候资源。

林业气候资源与食用菌繁衍生息密切相关。热带雨林、季雨林带，仅适于高温型食用菌生长；亚热带林带，大多生长中温型或中偏高温型食用菌；温带林带，多数生长低温型食用菌。这些自然资源为发展林下菌业提供了很好的借鉴。

这里收集介绍天然森林分布区的林业气候资源，见表 1-1。

表 1-1　天然森林分布区的林业气候资源

森林带	平均温度(℃)			≥0℃		全　年			
	年	7月	1月	日数	积温	降水量(毫米)	余水月数	总辐射量(兆焦/米^2)	日照时数(小时)
热带雨林季雨林	19～26	24～29	12～21	365	7200～9300	1200～2400	6～8	4600～5600	1600～2300
南亚热带季风常绿阔叶林	18～22	21～29	10～15	365	6800～8100	800～2200	4～7	4200～5700	1400～2300
中亚热带常绿阔叶林	14～20	20～30	4～9	350～365	5400～7100	900～1700	5～9	3500～6200	1200～2400
北亚热带常绿落叶阔叶林	14～17	24～29	1～5	320～360	5100～6300	500～1500	4～9	400～4900	1400～2200
暖温带落叶阔叶林	9.5～14	23～28	−12.5～0	210～320	3900～5300	450～850	1～4	4600～5500	2000～2800
温带针、阔叶混交林	−25～9	19～25	−27～−7	170～270	2300～3900	250～750	0～8	4500～6200	2300～3300
寒温带针叶林	−55～−2	16～19	−31～−26	160～180	1700～2200	350～500	6～8	4200～4800	2400～2700

(二)山势林相与郁闭度的要求

林地下种菇的山势，以平坦空旷、通风向阳为适；山区林地海拔高低不限，但坡度以 12°～18°的缓坡林为最适，陡峭凹凸不平的林地操作不便。林相成片，长势整齐，疏密适中，植株行距 4～7 米，株距 2～3 米。树种用材林或经济林均可。森林郁闭度50%～80%为适。树龄因树种和林地土壤以及管理差异而悬殊，一般速生树种 3～4 年、缓慢树种 7～8 年达到郁闭度条件。

(三)林地土壤的要求

所有的林地之所以能生长林木，说明其土壤适宜林木生长要求，因此无论林地土壤条件如何，均可作为栽培不同菇菌品种和具有相适应的栽培方式。但林地不同，土壤中的有害物质的含量有别，因此必须进行事先抽样检测，按 NY 5358—2000《无公害食品 食用菌产地环境条件》中土壤质量要求每千克标准：总镉（以 Cd 计）含量不超过 0.4 毫克，总汞（以 Hg 计）不超过 0.35 毫克，总砷（以 As 计）不超过 25 毫克，总铅（以 Pb 计）不超过 50 毫克。同时要求 3 千米之内无生活垃圾堆放和填埋场、无工业固体废弃物和危险废弃物堆放和填埋场等。

(四)水源水质保证

菇菌生长过程中，前期菌丝生长靠培养料中的水分维持发育所需；而进入子实体生长还需要从外界人为喷水增湿，促进正常发育。因此，作为种菇的林地必须有充足的水源。

俗话说"山高水更高"，说明高山必有水，而且水质较清洁冷凉。作为发展林下种菇场地，可通过安装管道引进山间泉水；平川林地可采取打井抽地下水，例如广东、海南、广西沿海地区防护林地，可通过打井引水或建蓄水池等来解决林下种菇日常用水需要。对水质要求按 NY 5358—2007 生活用水中污染物的指标要求：浑浊度不超过 3 度，不得有异臭、异味，总砷不超过 0.05 毫克/升，总汞不超过 0.001 毫克/升，总镉不超过 0.01 毫克/升，总铅不超过 0.05 毫克/升。

(五)交通运输方便

林下种菇的主要原料有森林中的枝条、野草等,需要切碎加工,这就需要把切碎机械运进林地;种菇辅助培养料麦麸、米糠、石膏或石灰等需从林外运进林地;菇菌产品采收后鲜菇要进城,需车辆运送。因此,种菇林地要交通方便。但铁路、公路主干线附近的林地,由于车辆运行速度快、风沙流量大、地区震动性波极易带来环境污染菇体和震动刺激菌丝早产等不良后果,因此不适宜。

(六)周围环境无害化

栽培菇菌的林地必须远离有关虫源、粉尘、化学等污染的场所。要求林地 3 千米以内无煤矿、石灰厂、石板材厂,沙石粉料厂等扬尘作业厂矿,以及造纸厂、化肥厂、印染、制革、皮毛等加工厂。从周围环境上排除林地菇菌生产过程遭受水源和空气的污染,确保林地环境无害化、产品质量的安全性。

三、林下菇菌生产方式与配对品种

林下菇菌的栽培方式必须根据当地传统栽培习惯适用栽培品种,因地制宜规划安排生产。从现有经验看,大体有以下 6 种方式。

(一)林间露地套种

根据林木的植株之间相距的空地,作为露地排袋栽培的畦床。床上搭圆拱塑料棚用于防雨,利用林阴自然遮阴,适于栽培香菇、榆黄蘑、黄伞、金针菇、猴头菇等袋栽品种。而黑木耳利用地面摆袋,上面不加塑料棚,实行全光育仿生态栽培。

(二)林地覆土栽培

利用林间空地做成宽1～1.4米的畦床，在床上直接堆放发酵料或生料，通过播种出菇。广泛应用于竹荪仿生栽培，播种覆土后，上面不搭棚，露天开放式出菇。也适用于双孢蘑菇、鸡腿蘑、大球盖菇、姬松茸、虎奶菇、长根菇、平菇等覆土栽培的品种，畦床上方搭圆拱塑料棚防雨即可。

(三)林间吊袋栽培

利用林木之间的隔离空间，用尼龙绳和不锈铁丝顺林木植株距离，采取沿株捆线，在每条线上等距离打结，用铁丝扭成"S"形小钩，钩住菌袋。可以自上而下挂3～5层，形成空间立体长菇。此种方式适于黑木耳、毛木耳、榆耳带袋划穴出耳的品种生产。

(四)林旁山坳搭棚栽培

高山林地夏季气温凉爽，可以利用林旁山坳阴凉处搭建竹木结构的简易菇棚，进行反季节栽培银耳、秀珍菇等中温型的品种。此种菇棚，以宽3.6～4.3米、长10～12米、高4米为宜，竹木骨架，内设6～8层培养架，棚外四周和上方覆盖黑色塑料膜，加草苫，棚顶设微喷设施。

(五)树蔸挖穴仿生栽培

利用砍伐过的松树蔸，挖穴播种茯苓，利用旧毛竹头挖穴接种竹荪，上面覆土、杂草盖面，靠木竹蔸及根作为天然培养料，靠天然生态发菌长菇，属于仿原生态栽培的一种模式。

(六)返生态野生栽培

返生态菇菌野生栽培类似仿生栽培，但形式不同。仿生栽培是人工控制栽培，而返生态栽培是采用人工从野生菇菌地挖取菌丝体，返回适合该品种生长的林地，在全天候环境中自然繁殖菌丝而长菇。目前，常用于人工难以引种驯化栽培的野生菇种如松茸、鸡纵菌、红菇、牛肝菌等。

四、林下菇菌产品前景展望

(一)产品质量优良

林下菌业最大的优势是利用夏季树枝茂盛、气候阴凉、林间晨雾弥漫、空气新鲜，为菇菌生长提供良好的天然环境。因此，其产出的菇品质量优良，带有野生气息和自然风味并且无污染，清洁卫生。

(二)逆季上市

菇菌品种中大多数是春秋栽培，而夏季气候炎热，自然条件不宜种菇。林地种菇选中温型品种夏季上市，你无我有，而且成本低廉，竞争力强，填补了夏季市场缺菇的空白，受到消费者欢迎。

(三)成本低廉效益好

利用林地种菇，拓宽种菇空间，利用树木郁闭度免棚或简棚种菇，利用林业木条和枝叶等作原料，这些都带有半天然性的栽培，其成本比常规栽培会降低30%。特别是现在工厂化生产，全天候电控环境，电耗要占整个生产成本的25%。河南省商丘市利用杨树林地畦栽培杏鲍菇，其成本仅是工厂化生产的50%。林下菇业靠天然气候和就地原料，成本低廉，相应地生产效益好。福建省顺昌县菇农利用毛竹林间空地，用竹丝、竹枝、竹粉、竹叶仿生态栽培竹荪，每年栽培超过133公顷，生产周期3个月，平均每667米^{2}产竹荪干品 100 千克，产值 8 000 元，成本 3 000 元，每 667 米^2 创利润 5 000 元。

(四)林菌共同发展

林下菇业是林菇相互依托的一个创新。素有“浙西南林海”之称的浙江省龙泉市，2010 年全市发展香菇 2 亿袋，总产值 5 亿元，占农业总产值的 1/3。全市森林面积 26.5 万公顷，森林覆盖率达 84.2%，有 750 个木制品加工厂，年排放废料 2.2 亿米^3 尽用于种菇，实现林菌双向发展。

第二章　林下栽培香菇新技术

一、香菇对生长条件的要求

香菇学名 *Lentinula edodes*(*Berk.*)*pegler*，别名香蕈、香菌、香孤、花菇、冬菇等。香菇生长发育过程中需要营养物质和适宜的生态环境条件。

(一)营　养

营养是香菇整个生命过程的能量源泉，也是产生大量子实体的物质基础。香菇能利用广泛的碳源以及矿物质营养。

1. 碳源　适合香菇菌丝生长的碳源，以单糖(葡萄糖等)为好，双糖(蔗糖、麦芽糖)次之，淀粉(玉米粉、木薯粉)再次。在人工栽培的木屑培养料中，加适量富有营养的物质，如米糠，麦麸、玉米粉，则可促进菌丝生长，提高出菇效果。

2. 氮源　香菇菌丝可吸收利用有机氮(蛋白胨、L-氨基酸、尿素)等，铵态氮(硫酸铵)次之，但不能利用硝态氮和亚硝态氮。适量补充有机氮的成分，有利于提高香菇产量。培养基中含氮量以0.016%～0.032%为宜，高浓度的氮反而对子实体的分化和生长不利。

3. 碳氮比(C/N)　据《中国食药用菌学》(2010)论证，香菇菌丝营养生长阶段碳氮比保持在25～40∶1，到生殖生长阶段，最适宜的碳氮比为63～73∶1。如果氮源过多，营养生长旺盛，子实体反而难以形成。

4. 矿质元素　矿质元素主要种类有磷、钙、镁、硫、铁、钴、锰、锌、钼等。这些元素有的参与香菇体内营养代谢，有的直接参与构成细胞的成分，有的能保持细胞渗透的平衡，促进新陈代谢的正常进行。

5. 维生素类　香菇必需维生素 B_1，在培养基中加麦麸或米糠的原因之一，就是提供维生素。维生素在马铃薯、麦芽糖、酵母、米糠、麦麸中均有较多的含量。因此使用这些原料配制培养基时，可不必再添加维生素。

(二)温　度

香菇为低温和变温结实性的菌类，温度对其整个生长发育有着重要的影响。

菌丝生长适宜的温度范围较广，5℃～32℃均可，其中以24℃～27℃为最适宜。这个阶段菌丝生长比较耐低温，在－8℃的条件下，经1个月也不会死亡；但不耐高温，超过32℃即停止发育，40℃以上死亡。

原基分化温度为8℃～21℃，以10℃～12℃分化最好，原基变成子实体的最适温度为20℃。子实体在5℃～24℃均可生长，以15℃左右最为适宜。子实体发生时，要求温度较低，发生之后适应性较强，即使处于较高或较低温度下也能生长发育。低温和变温刺激，有利于子实体发生，在恒温条件下原基不形成菇蕾。冬季长菇期，如昼夜温差±10℃，出现花菇就多。

(三)水　分

香菇菌丝生长发育阶段，培养基的含水量以60%为适，空气相对湿度70%以下为适。长菇阶段培养基的含水量保持不低于50%，空气相对湿度最好在85%～90%。出菇期间如果培养基含水量长期低于45%，子实体就会生长迟缓，甚至停止发育；若空气相对湿度长时间高于90%，往往发生病害而导致烂菇。

(四)空　气

香菇属于需氧生物,好气性菌类。如果环境空气不流通,氧气不足,二氧化碳浓度达到 0.1%以上时,菇体生长就会受到侵害,出现畸形;同时空气污浊还会使杂菌滋生蔓延。因此,栽培场所要适当通风,保持空气新鲜。

(五)光　照

香菇菌丝生长阶段无需光照,但不能形成子实体。长菇期需要散射光,一般光照以 500 勒[克斯]为适。如果光线不足,则出菇少、菌柄长、朵型小、色淡、质量差。但强烈的直射光会抑制甚至晒死菌丝和子实体。

(六)pH 值

香菇菌丝生长要求偏酸性的环境,pH 值在 3～7 均能生长,而以 pH 值 4.5～6.0 较为适宜。

二、林地栽培香菇的环境要求

(一)适栽林地方位

利用林间套种香菇的山场,应选择坐北朝南方向,有利于夏栽香菇得到林木枝叶的遮阴,减少热量,降低温度;而秋冬季气温低时,日照正射林间菇床,有利于提高温度,促进香菇子实体正常长菇。林地海拔高低均可,但要求地面平坦,斜坡度大且凹凸不平的林地不适宜栽培。

(二)树种的要求

香菇适栽林地树种,在南方常见的有栓皮栎、柞栎、栗树、米槠、青冈栎、桉树等,而北方常见的有榆树、青榆、大叶榆、白桦、枫桦、黑桦、白杨、大青杨、山杨、柳树等,也有栗木。经济林南方多为桃、李、柰、柑橘、柚、枇杷、香蕉、荔枝、芒果、橄榄树等,北方为苹果、梨、山楂、海棠等果树。这些树种本身为香菇适生树,其根系对香菇生长无碍。

(三)林间郁闭度

作为间种香菇的林地,一般要求林木植株行间空地离树头30～40厘米,植株行间空地2～4米。香菇子实体生长发育对光照的要求为"三分阳、七分阴",因此,林地的郁闭度70%最适,也就是俗话说的"三分阳、七分阴,花花阳光照得进"的长菇环境,适于夏季反季节栽培香菇。如果林地郁闭度只有50%～60%,可在秋冬搭简易菇棚,用于培育花菇。

(四)场地整理净化

间种香菇的林地,应剔除石头、杂物和野草,并进行浅翻土层做畦,注意不要伤及林果木根部。畦床宽以1.3～1.4米为适,方便采菇时单手伸至畦中采摘,避免畦床过宽,脚踏畦床采菇。畦床高20～25厘米,整成中间略高、四周倾斜的"龟背"形,以利于排水。畦旁开好排水沟,两头倾斜,避免下雨时畦床积水,引起烂菇。畦沟不宜挖太深,以免伤及树根和造成沟底积水。畦床周围撒石灰粉消毒,并喷洒杀虫剂,以净化环境。

(五)畦床搭排筒设施

林地栽培香菇的菌袋脱膜后竖立斜排在畦床上。它要求必须在畦床上搭好排袋架。架子的搭法是：先沿畦床两边每隔 2.5 米处打 1 根木桩，桩的粗细为 5～7 厘米，长 50 厘米，打入土中 20 厘米；然后用木条或竹竿顺着畦床，架在木桩上形成 2 根平行杆，在杆上每隔 20 厘米处钉上一铁钉，钉头露出木杆 2 厘米；最后靠钉头处，排放上直径 2～3 厘米、长度比畦床宽 10 厘米的木条或竹竿作为横枕，供排放菌筒袋用。搭架后再在畦床两旁，每间隔 1.5 米处插下横跨床面的“︵”形竹竿或木条，作为拱膜架，供罩盖塑料薄膜用。

（六）相应配套养菌棚

香菇现代栽培方式使用袋料接种作为长菇载体。林下香菇料袋制作，应在离林地较近的地方设置料袋生产操作场。通过培养料装袋，常压灭菌后，运至林下接种培养成菌袋。因此实施林下栽培香菇，就必须在林间用塑料围成长、宽各 3 米的“接种帐”，地面整平铺沙，覆盖 2 层地膜，形成一个无菌接种间。菌袋培养可在林地用竹木条圆拱成架，上方覆盖 8 丝厚的黑色薄膜；地面铺细沙，再覆双层塑料膜防潮。这种林间养菌棚以宽 3～4 米、长 10 米为适，每棚面积 30～40 $米^2$，可叠放菌袋 5 000～6 000 袋。根据生产量配备发菌培养棚数量。菌袋排场育菇的畦床上方，同样搭拱膜棚作为防雨和调节温度、湿度和通风之用。

三、配套设施

（一）原料切碎机械

原料切碎机械应选用木材切片与粉碎一次合成的新型切碎机械。常见的有辽宁朝阳 MFQ-553 型菇木切碎两用机、福建 ZM-420 型菇木切碎机，浙江 6JQF-400A 型秸秆切碎机等。此类切碎机生产能力高达1 000千克(台·时),配用15～28千瓦电动机或11千瓦以上的柴油机。生产效率比原有单一机械提高40%,耗电节省1/4,适用于枝桠、农作物秸秆和野草等原料的切碎加工。

(二)培养料搅拌及装袋机械

1. 搅拌机　现在较为先进的是自走式搅拌机,该机由开堆机、搅拌器、惯性轮、走轮、变速箱组成,配有2.2千瓦电机、漏电保护器。堆料和拌料量不受限制,只要机械进堆料场,自动前进开堆拌料并复堆。生产功率为5 000千克/(台·小时),比原有漏斗式拌料机提高5倍,而且拌料均匀。

2. 装袋机　装袋机型号较多,而且不断改革创新,栽培者可根据生产规模选择性购置。生产规模较大的单位可选用"太空包"生产线。这套机组包括培养料振动过筛、搅拌、输送、冲压装袋,全程自动操作。整个流水线配备5～6人,生产能力1万～2万袋(10小时/班)。一般菇农可选用普通多功能装袋机,配多种规格的套筒,1.5千瓦电机,生产能力1 500～2 000袋/小时,价格360元(不带电机),较为经济实用。

(三)鲜菇脱水烘干机

1. SHG电脑控制燃油烘干机　该机为组合箱体结构,配有电脑控制程序,电眼安全观察程序储存记忆,运行状态显示。配750瓦电动机,220伏电源,控温0℃～70℃,超温故障双重保护,配烘干筛60个,每次可加工鲜菇500千克。

2. LOW-500型脱水机　其结构简单,热交换器安装在中间,两旁有防火板。上方设进风口,中间配600毫米排风扇;两边设2个干燥箱,箱内各安装13层竹制烘干筛。箱底两旁设热气口。机内设3层保温,中间双重隔层,使菇品烘干不焦。箱顶设排气窗,使气流在箱内流畅,强制通风脱水干燥,是近年来广为使用的理想脱水机。鲜菇进房一般10～12小时干燥，每台每次可加工鲜菇250～300千克。LOW-500型脱水烘干机结构见图2-1。

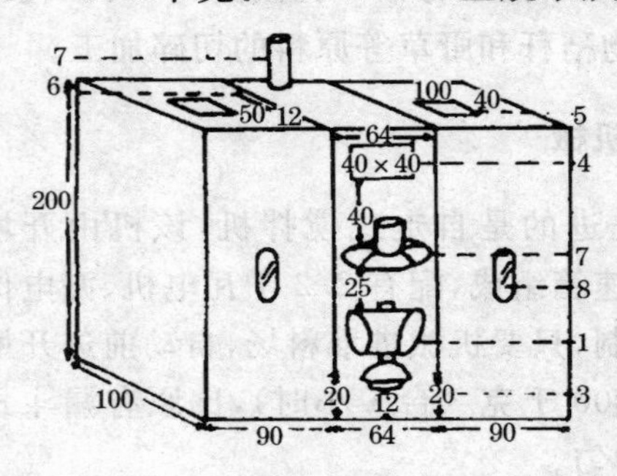

图2-1 LOW-500型脱水机
（单位：厘米）
1. 热交换 2. 排气扇 3. 热风口 4. 进风口 5. 热风口 6. 回风口 7. 烟囱 8. 观察口

（四）常压高温灭菌灶

常压高温灭菌灶是培养料装袋后，进行灭菌的必要设备，常用以下2种。

1. 钢板锅罩膜灭菌灶 生产规模大的单位可采用砖砌灶台，其体长280～350厘米、宽250～270厘米，灶台炉膛和清灰口可各1个或2个。灶上配备0.4厘米钢板焊成平底锅，锅上垫木条，料袋重叠在离锅底20厘米的垫木上。叠袋后罩上薄膜和篷布，用绳捆牢，每次可灭菌6 000～10 000袋。钢板锅罩膜灭菌灶见图2-2。

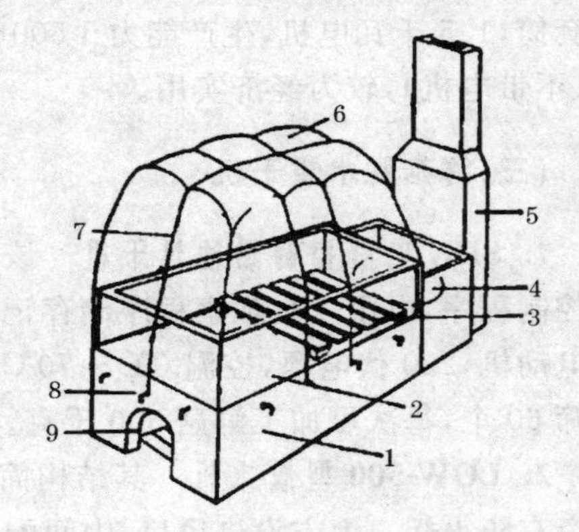

图2-2 钢板锅罩膜灭菌灶
1. 灶台 2. 平底钢板锅 3. 叠袋垫木 4. 加水锅 5. 烟囱 6. 罩膜 7. 扎绳 8. 铁钩 9. 炉膛

2. 蒸汽炉简易灭菌灶 有条件的单位可采用铁皮焊制成排放料袋的灭菌仓，配锅炉或蒸汽炉产生蒸汽，输入仓内灭菌。一般栽培户可采用蒸汽炉和框架罩膜组成的简易灭菌灶。每次可灭菌料袋3 000～4 000袋，少则1 000袋均可。蒸汽炉简易灭菌灶见图 2-3。

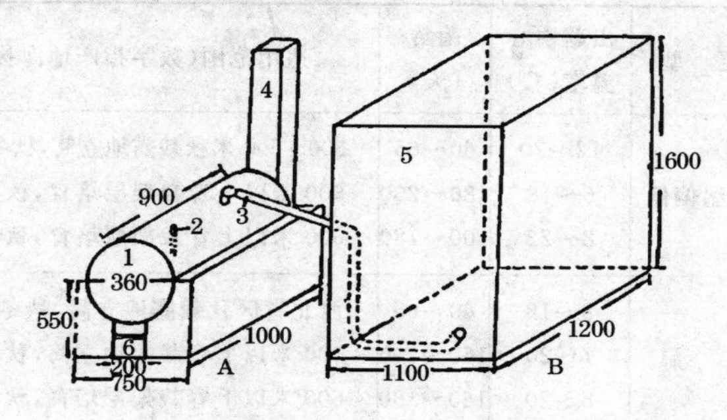

图 2-3　蒸汽炉简易灭菌灶　（单位:厘米）

A、蒸汽发生器　B、蒸汽灭菌箱

1. 油桶　2. 加水机　3. 蒸汽管

4. 烟囱　5. 灭菌箱　6. 火门

四、林下香菇适栽菌株

香菇菌种总体而言属于中低温型的菌类。尽管各菌株之间的温型有差距，但它们出菇的中心温度“交接点”均在 15℃左右为最适。由于菌株之间的温型不同，所以生产区域的适应范围也有区别，适应范围是以海拔高低、生产季节及栽培模式而定。为了避免引种失误，现列表供参考对照，见表 2-1。

表 2-1　常见的香菇菌株温型与适用范围

菌株代号	温　型	出菇中心温度(℃)	菌龄(天)	适用范围(数字指产地海拔高度)
9018	中温偏低	12～20	60～65	300～500 米秋栽露地立筒,秋冬春长香菇
L-135		6～18	180～200	600 米以上春栽架层培育,秋冬长花菇
南花 103		8～22	100～180	600 米以上春栽架层培育,秋冬长花菇
Le-13	低　温	8～18	60～65	西北省区秋栽露地立筒,秋冬春长香菇
241-4		7～20	160～200	600 米以上春栽露地立筒,秋冬春长香菇
939		8～20	160～180	600 米以上春栽架层培育,秋冬长花菇
Cr-66	中　温	9～23	60～75	300～500 米秋栽露地立筒长香菇,也适架层育花菇
Cr-62		9～23	60～70	300～500 米秋栽露地立筒长香菇,也适架层育花菇
申香 9 号		12～18	60～70	300～500 米秋栽露地立筒长香菇,也适架层培育花菇
苏香 1 号	中温偏高	10～25	60～75	300 米以下低海拔秋栽露地立筒秋冬春长菇,300～600 米春栽埋筒覆土,夏秋长菇
Cr-04		10～23	70～80	低海拔秋栽露地立筒,秋冬春长菇,300～600 米春栽埋筒覆土,或 700 米以上露地立筒,夏秋长菇
Cr-20		12～26	70～80	300 米以下海拔秋栽露地立筒,冬春长菇,300～600 米春栽埋筒覆土,或 700 米以上露地立筒,夏秋长菇
武香 1 号	高　温	16～25	70～80	反季节春栽 500 米以上埋筒覆土,700 米以上露地立筒,夏秋长香菇
广香 47		14～28	70～80	300 米以下低海拔秋栽露地立筒,冬春长菇,500 米以上春栽埋筒覆土,700 米以上露地立筒,夏秋长菇
兴隆 1 号		14～28	70～80	北方高寒地区反季节春栽,露地立筒,夏秋长菇

五、菌袋制作及培养管理

(一)菌袋生产工艺流程

我国现行香菇林下栽培模式采用培养料袋栽，采取室内养菌，林下搭棚露地摆筒，或埋筒覆土出菇，或林下拱棚架层培育花菇。袋栽香菇工艺流程见图 2-4。

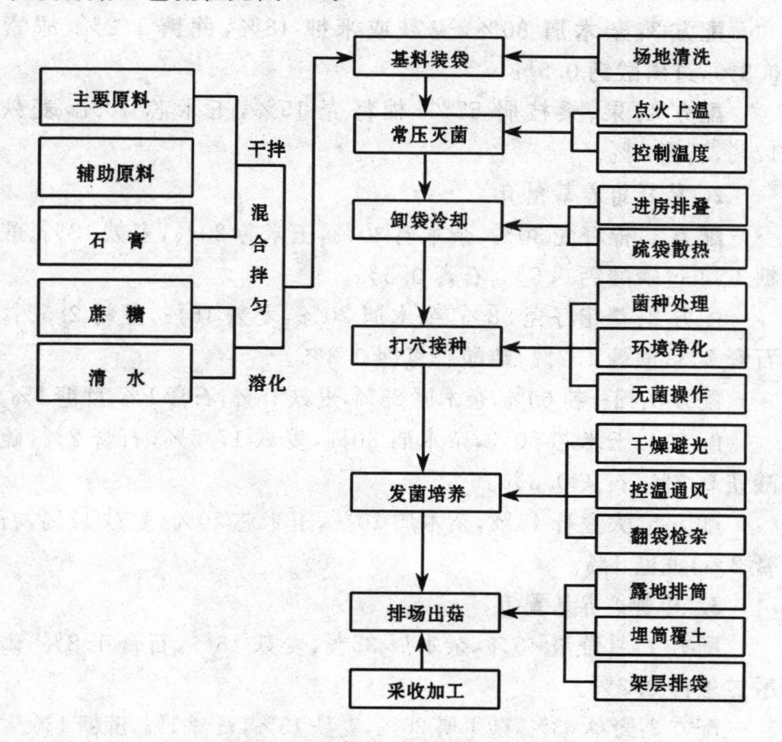

图 2-4　香菇袋栽生产工艺流程

(二)培养基配方

培养基配方可根据当地资源状况,就地取材。下面综合主产区常用配方,供选择性取用。

1. 木屑培养基配方

配方1:杂木屑76%,麦麸18%,玉米粉2%,石膏2%,蔗糖1.2%,过磷酸钙0.8%。

配方2:杂木屑78%,麦麸20%,石膏1%,蔗糖1%。

配方3:杂木屑80%,麦麸或米糠18%,蔗糖1.2%,尿素0.3%,过磷酸钙0.5%。

配方4:果、桑枝屑57%,棉籽壳15%,玉米芯10%,麦麸17%,石膏1%。

2. 秸秆培养基配方

配方1:棉籽壳30%,杂木屑30%,玉米芯20%,麦麸18%,蔗糖1%,过磷酸钙0.5%,石膏0.5%。

配方2:葵花籽壳58%,杂木屑20%,麦麸16%,豆粉2.5%,石膏2%,蔗糖1.2%,磷酸二氢钾0.3%。

配方3:棉秆粉60%,杂木屑23%,麦麸15%,石膏1%,蔗糖1%。

配方4:玉米芯50%,杂木屑30%,麦麸17.5%,石膏2%,硫酸镁0.2%,石灰0.3%。

配方5:大豆秆40%,杂木屑20%,玉米芯20%,麦麸17%,石膏2%,蔗糖1%。

3. 其他培养基配方

配方1:甘蔗渣45%,杂木屑35%,麦麸18%,石膏1.8%,磷酸二氢钾0.2%。

配方2:野草63%,杂木屑20%,麦麸15%,石膏1%,蔗糖1%。

配方3:栗壳屑30%,杂木屑48%,麦麸18%,玉米粉2%,石膏1%,蔗糖1%。

(三)拌料装袋灭菌

采用自动化搅拌机时,将料混合集堆,拌料机开堆、搅拌、反复运行,使料均匀。农村手工搅拌必须反复搅拌3~4次,使水分被原料均匀吸收。如果选用棉籽壳配方时,应提前1天将棉籽壳加水使水分渗透至棉籽壳中,然后过筛打散结团。过筛时边洒水边整堆,防止水分蒸发。含水量要求达到58%~60%。测定方法以手紧握培养料,指缝间有水滴为标准。培养基灭菌前,pH值应控制在6~7。

培养料装袋要求松紧适中,应以成年人手抓料袋,五指用中等力捏住,袋面呈微凹指印,有木棒状感觉为妥。如果手抓料袋两头略垂,料有断裂痕,则表明太松。

培养料经过装袋后即成为营养袋,简称料袋,料袋采用常压灭菌,在100℃条件下保持20~24小时。卸袋后进行排场散热,待料温降至28℃以下时方可转入接种。

(四)菌袋接种

选择晴天午夜或清晨接种,打穴、接种、封口,见图2-5。

穴口贴封方式多样。北方气候干燥,常用胶膜、胶纸、胶布或套袋方式。南方产区可加大接种量,使菌种高于穴口1~2厘米,顺手按压,使菌种满口盖边,呈"T"状,不用封口物封口。在接完一面穴口后,把料袋反转到另一面操作;也可以单面打4个穴口接种。一般750毫升菌瓶的菌种,可接20~25袋。

(五)菌袋培养管理

菌袋培养的不同生长期,其气温、堆温和菌温也发生相应变化,应及时加以调节,防止高温危害。

1. 萌发期 接种后的菌袋头3天为发菌期,室内温度宜控制在

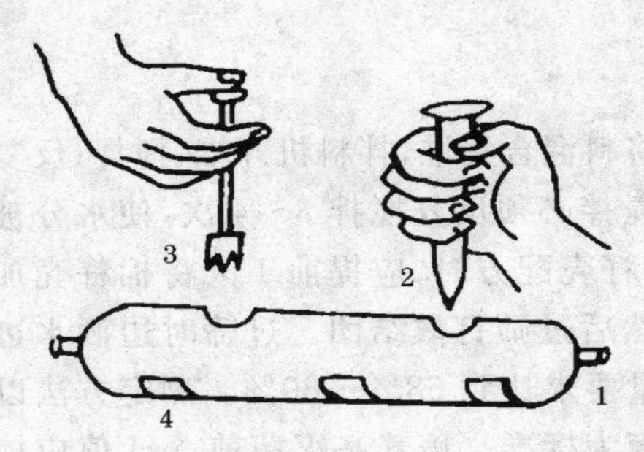

图 2-5 打穴接种封口示意图

1. 料袋 2. 打穴 3. 接种 4. 封口

27℃左右。如果气温低于22℃,可采用薄膜覆盖菌袋,使堆温提高,以满足菌丝萌发的需要。

2. 生长期 接种4～5天后进入生长期,接种穴四周可以看到绒毛状的菌丝,逐步向料中和四周蔓延伸长。培养半个月后随着菌丝加快发育生长,室内温度调至25℃左右为适。叠袋可由原来4袋交叉重叠,调整为3袋交叉重叠,使堆温相应降低。

3. 旺盛期 当菌袋培养20～25天后,菌丝已属于旺盛生长状态,需把穴口上封盖物去掉,此阶段温度宜控制在23℃～24℃。如果室温为27℃,菌温就超过30℃,堆温也随之升高2℃～3℃,应及时调整堆形,疏袋散热,以2袋交叉成"井"字形或3袋叠放成"△"形重叠为好,以抑制堆温上升,降低菌温。

4. 成熟期 无论是秋栽还是春栽的菌袋,培养至秋季10月份,都已进入成熟期,代谢能力和自身热量比以前降低,且此时自然气温也降低。因此室内温度应控制不低于20℃为好,结合翻袋调整堆垛为4袋交叉重叠,有利于保持菌温。

六、菌袋林下排场方式

(一)高山露地立筒栽培

场地选定在海拔700米以上的高寒山区,采用中偏高或高温型菌株,早春1～2月份制袋接种,室内养菌,"清明"后搬进林下菇棚进行脱袋立筒排场，转色出菇。此种栽培方式，不仅适于南方高海拔山区，而且在长城以北的北方省区，以及东北各省夏季月平均温度不超过28℃的地区也均适应。

（二）低海拔埋筒覆土栽培

利用林下地表与空间的自然温差，加之约制不良气候的遮阳设施。选用高温型菌株，冬末春初接种，室内养菌，“立夏”进棚脱袋埋筒覆土，夏季出菇。埋筒覆土培育夏菇，一般在海拔300米以上的小平原地区较适。但无论是南方或北方，都要掌握夏季7～9月份、月平均温度不超过28℃的地区均可。而海拔较低、夏季温度超高的地区不宜采用，因香菇子实体生长温度为5℃～25℃，超过30℃无法形成与发育。

七、菌筒转色催蕾

（一）转　色

为便于栽培者管理上对照，这里将菌筒转色日程及管理技术控制列表，见表2-2。

表2-2　香菇菌筒转色管理技术程控表

脱袋后的天数	菌筒表现	作业要点	菇床罩膜内环境条件			注意事项
			温度（℃）	湿度（%）	每天通风	
1～4	洁白绒毛状菌丝继续生长	脱袋后排放菇床架上呈80°角，罩紧薄膜	23～24	85	25℃以下不揭膜通风	超过25℃揭膜通风20分钟

续表 2-2

脱袋后的天数	菌筒表现	作业要点	菇床罩膜内环境条件			注意事项
			温度(℃)	湿度(%)	每天通风	
5～6	菌丝逐渐倒伏分泌色素	掀动薄膜,增加菇床内气流量	20～22	83～85	揭膜通风2次,每次30～40分钟	防止温度过高菌丝徒长不倒伏
7～8	新陈代谢,吐出黄水珠	每天喷水1～2次冲洗黄水,连续2天	20	85～90	喷水后待菌筒晾至不黏手时盖膜	第一天喷雾冲淡黄水,第二天急水冲净黄水
9～12	粉红色变为红棕色	观察温湿度变化和转色进展	18～20	83～87	每天揭膜通风1次,30分钟	温度不低于12℃,不宜超过22℃
13～15	棕褐色有光泽树皮状	温差刺激,干湿调节,促发菇蕾	15～18	85	白天罩膜,晚上通风1小时	干湿交替防止杂菌污染

(二)催　蕾

1. 拍打催蕾法　菌筒转色形成菌被后,可用竹枝或塑料泡沫拖鞋底,在菌床表面上进行轻度拍打,使其受到振动刺激。拍打后一般2～3天菇蕾就大量发生。如果转色后菇蕾自然发生,则不可拍打催蕾。因为自然发生的菇朵大,先后有序产出,菇质较好。一经拍打刺激后,菇蕾集中涌出,量多,个小,且采收过于集中。

2. 喷水滴击催蕾法　用压力喷雾器直接往棚顶上方膜薄喷

水，使水珠往菌筒下滴，利用地心吸力使水滴轻度震动刺激。如是小拱棚，可用喷水壶喷洒淋水刺激。但水击后注意通风，以降低湿度，使其形成干湿差。埋地菌筒能自然吸收土壤中的含水量，因此不能像常规栽培一样用清水浸筒催蕾，这一点完全不同。

八、利用林下生态控制长菇

（一）夏菇管理

1. 疏蕾控株　埋地菌筒第一潮出菇正值5月下旬至6月份，此时气温较适，菇蕾丛生集中涌现。每袋选择蕾体饱满、圆正、柄短、分布合理的6～8朵，多余的菇蕾用手指按压致残。

2. 遮阴控光　林下拱菇棚可用茅草、树枝加盖，避免阳光直射，一般控制在“九阴一阳”，使整个菇棚处于阴凉暗淡状态。最为理想的是绿树成阴的林下。

3. 增湿降温　白天在畦沟内灌流动水，夜间排出，并保持浅度蓄水降温。菌筒较干时，可用清水直接浇到菌筒上，一般每天1次，晴天可多浇些。高温时可采用每天早晚用泉水、井水等温度较低的清水，向菇棚四周和空间喷雾；或棚顶安置微喷设备，通过人为措施，使棚内处于凉爽环境。

4. 加强通风　畦床上的盖膜不宜密罩，四周薄膜卷离畦床30厘米以上，使畦床之间空气流畅。闷热干燥天气，白天不宜遮膜。雷阵雨时，可将菇棚四周屏蔽遮阳物打开一个通风口，让棚内空气流畅。也可安装微喷设施喷水，有利于提高香菇品质。

5. 采后续生　夏菇长速较快，从菇蕾至成菇一般需1～2天，气温高时半天完成。因此采菇是1天1次，盛发期早晚各1次，保鲜出口菇每天4次。一潮菇采收后停止喷水，延长通风时间，让菌筒休养生息，同时对部分营养不足的菌筒，可用菇得力、稳得富等增产素100倍液进行喷施，提高再生菇产量。7～8月份高温期间应以养菌为主，避免拍打催菇，否则损伤菌丝，易引起烂筒。

（二）秋冬菇管理

冬菇在1～2月份，即春节前后出菇。这个季节气候寒冷，出菇少，子实体生长也慢，菇肉厚，品质好。要获得冬菇产量，具体管理技术如下。

1. 引光增温　冬季野外寒冷，可把棚内菇床的薄膜放低、罩严，增加地温。同时选择晴天，把遮阳物摊稀，达到“五阳五阴”。日照短的山区可以“七阳三阴”，让阳光透进棚内，增加热源，提高菇床温度。晚上盖薄膜防寒。

2. 错开通风时间　冬季无论菌筒是否长菇，都应保持每天中午揭膜通风1次。通风时间应短，每次10～20分钟，使菌筒免受寒风袭击而干燥。

3. 灵活喷水　冬季霜期不宜喷水，因气温低菌筒吸水能力弱，容易造成结冰，只要保持湿润，不致干枯即可。如湿度偏大，菌丝生长受到阻碍，甚至造成小菇蕾死亡。

4. 保护菌筒越冬　冬休期应把菇床罩膜四周用石头压紧，使床内温湿度得到保持，避免寒风侵袭菌筒。尤其北方寒冬积雪，应加固菇棚以防倒塌，棚顶和四周加围草苫，挡风保温。

（三）春菇管理

春菇发生在3月份至6月上旬。此时春回大地，菇蕾盛发，菇潮集中，其产量占整个生产周期的50％左右。春菇管理的技术措施有以下5点。

1. 调整盖膜　每天要结合采菇揭膜通风，采后盖膜。如温度高于20℃，盖膜棚的两头要揭开，让其通风；闷热天或雨天，盖膜四周全部揭开，使空气流通。

2. 看天喷水　春菇可在上午采完菇后，用喷雾器往菌筒表面喷水。阴雨天不喷水，菌筒湿润不喷水，采前不喷水。喷水后要让菌筒晾 30 分钟再覆盖薄膜，防止因湿度过高，造成霉菌生长而烂筒。

3. 适度刺激　采完一潮菇后，要揭膜通风 8～12 小时，让菌筒表面稍干，晴天再喷水干湿刺激，促使菌丝复壮；并采取白天盖严薄膜，晚上 12 时之后揭膜通风 1 小时，降低棚温，适当进行温差刺激，促使菇蕾发生，连续 3～4 天即可。

4. 适期采菇　春菇质薄易开伞，开伞菇商品价值较低。因此，必须掌握每天上午开采八成熟的菇，即菇盖已伸展、卷边似"铜锣"的。当天采菇，当天加工。

5. 清理菌筒　春季杂菌常在菇蒂部位腐烂的菌筒上生长。因此，每采完一潮菇后，要进行清理，挖除蒂头残留。

6. 菇筒补水　香菇菌筒经过长菇几潮后，其含水量明显下降，应及时补水。用 8 号铁丝在菌筒两端打几个 10～15 厘米深的洞孔，然后将菌筒顺序排叠于浸水池内，上面加盖木板，用石头等重物紧压，再把清水灌进，以淹没菌筒为度。也可原地提起菌筒，双手紧抓住，10 个指头向筒上菌被按压，或用塑料拖鞋往菌筒四周轻轻拍打。喷水可采用电动压力喷雾器或喷水壶，往菌筒上来回喷洒。每天 1～2 次，连喷 3～4 天，水分从膜外渗透至筒内，得到补充，还有一种采用菇筒注水器注水或滴灌入筒。

九、北方林下反季节栽培香菇

(一)生产季节

根据东北气候，以日平均温度在 1℃～5℃时为最佳播种期。辽宁省播种适期为 3 月 20 日至 4 月 10 日，最迟不超过 4 月 10 日；吉林省播种适期为4月1日至4月15日，最迟不超过4月20日；黑龙江省播种适期为4月20日至5月1日，最迟不超过5月15日。

(二)培养基配制

常用配方为杂木屑85%、麦麸10%、玉米粉2%、豆粉1%、石灰1%、石膏1%，或杂木屑45%、玉米芯粉40%、麦麸10%、玉米粉2%、豆粉1%、石灰1%、石膏1%。培养料混合拌匀，含水量55%左右，常压灭菌上大气2小时后停火，30分钟后出料控干，趁热装入经消毒的编织袋内，扎紧袋口，置于野外避风阴凉处冷却。

(三)做畦播种

畦床坐北朝南，东西垄向遮阴，畦床宽60厘米，长度不限，每10～20米长做一个小埂，畦深10～20厘米，畦面龟背形，四周筑埂。菌种选择Cr-04、L-26、L867、L937、Cr-66、武香1号等。将菌种碎成玉米粒大小，20千克干料(湿重45千克)混拌菌种4～4.5袋。每平方米铺料20千克(干料量)，厚8～9厘米，菌种按每平方米2～2.5袋的比例均匀播于料面，拍实压平后料厚6～7厘米。床面再铺放经石灰水浸泡控干的稻草，横向放1束通风草把。最后覆土厚5厘米左右，同时作业道中间开1条排水沟。

(四)撤土开包

一般播种30天左右，菌丝穿透培养料，即5月中下旬进行撤土开包。揭开塑料薄膜，将稻草把和稻草轻轻取出，再将床两侧塑料薄膜折回，以利于通风。同时在畦床上搭拱膜棚、草苫遮阴。

(五)转色催蕾

打包7天后第一次通风30分钟，选择无风或雨后的上午11时前或午后2时后进行。第二次通风是在打包后14天，方法、时间同第一次。湿度大、菌皮突起成瘤状的要通风1小时，结合通风清除料面积水、床面散射光。菌丝达到生理成熟时，选择晴天晚上打开草苫，揭开薄膜，第二天早晨再盖上。经过5～6天的温差刺激，培养料表面出现苞米花状裂纹，菇蕾很快形成。转色后若长时间不出菇，可打开塑料薄膜用木块拍打料面催蕾。

（六）出菇管理

转色后进入6月中下旬，畦床两侧出现报信菇。7月上旬至8月中旬，温度达到25℃以上时，歇伏越夏，将料面收拾干净并调高草苫。立秋后气温开始下降，当日平均温度降至20℃时开始出菇。秋菇采收结束后，把草苫或散草盖在菇床上越冬，培养料含水量40%～55%。翌年4月中下旬，将散草拣出，料面收拾干净，补充水分，使培养料含水量达到55%～60%，促使正常出菇。

十、果园间套栽培香菇

利用林地间和葡萄棚架下的地面栽培香菇，不仅可免搭遮阳棚，节省成本，尤其在反季节温度高时栽培，其枝叶可自然调节温度和空气，对香菇生长十分有利。湖北省枣阳地区菇农利用杨树林间搭棚夏栽香菇，陕西省菇农利用葡萄园架下栽培香菇，都收到理想的效果。具体操作方法如下。

（一）园地整理

套种香菇的林地间或葡萄园，最好选4年生以上果树，遮阴效果好，并要求地势平坦、排水方便。栽种前整地做畦，一般畦宽80厘米、深20～30厘米，长度视园场而定。林、果园间每隔60厘米插1支竹片搭成的小拱膜棚防雨，棚上盖草苫。

(二)季节安排

香菇春夏间作的菌种选用中温高型申香2号、苏香、Cr-04、武香1号、汉香2号等菌株。2～3月份菌袋制作与培养,5月份脱袋排场转色出菇,至10月份成熟采收。

(三)菌袋操作

菌袋选用17～24厘米×55厘米的折角袋,培养料方配制与接种发菌培养,其工艺流程按常规操作。

(四)排场转色

提前7天铲除林果园间杂草,在畦面撒石灰粉。将菌筒竖直放于畦内,间距5厘米左右,填2厘米厚的细土。将菌筒竖直固定好,拱形支架上盖塑料膜,向畦内浇1次水,创造一个恒温、高湿的小气候。温度控制在18℃～25℃,空气相对湿度85%,散射光为宜。早晚掀膜通风透气,每天傍晚喷水1次,一般10～12天形成薄层棕褐色菌膜。

(五)出菇管理

高温季节宜白天向畦沟内灌水,借助林木树叶、葡萄枝叶遮阴。园内保持散射光,注意掀膜透气,空气相对湿度85%～95%,林、果园主要是保证水分及时供应,通常早晚各喷1次雾状水,浇湿畦面及菇筒。经4～6天连续刺激花菇开裂成形,为使菇盖大而白,裂纹深宽,需再保持10～15天低温干燥的自然环境,白天掀膜增温排湿,晚上盖膜加湿,空气相对湿度达90%以上,即可培育优质香菇。

十一、林地生料栽培香菇技术

生料栽培香菇技术首先在东北获得突破，黑龙江省牡丹江市张荣先生研究成功“生料地栽香菇方法”，并获得发明专利。此项技术已在东北各地林区推广开来。

(一)选地建床

菇场要求向阳背风，土壤透气性好，保湿性强，土质 pH 值 4～7。菇床应坐北朝南，深 10～15 厘米、宽 60～90 厘米，长度视场地而定，一般以 10 米为适。两床之间设 50 厘米的作业道。床面整成龟背形，四周挖好排水沟。床面撒施石灰粉杀灭害虫及杂菌。

(二)培养料配制

生料培养基配方：杂木屑 100 千克，麦麸 10 千克，玉米粉 3 千克，石膏 1 千克，石灰 1 千克，添加剂 1 包(添加剂由生长激素、维生素、微量元素、高效肥、杀菌剂等组成混合剂型)，加清水 120 升，含水量大于 60%。生料混合配制后，罩膜保温发酵 48 小时，堆温可达 60℃～70℃，以后每天翻堆 1 次，连翻 3～4 次。发酵 4～7 天，经检查如果料中已出现白色放射线菌时即可使用。

(三)菌床制作

东北诸省常用的菌株有黑龙江 8911、黑龙江 9110、吉林 9109、辽宁林土 04、辽香 08、辽 04 等菌株，均适合生料地栽。播种应以当地温度 5℃～15℃，东北地区以 3 月中下旬至 4 月底为最佳。黑龙江省多采用层播法，2 层料、2 层菌种，料厚 5 厘米左右。每平方米第一层菌种 4～5 瓶(袋)，把料面封严，并压平实。播种后料面铺放稻草，也可以在料面铺放一层报纸，然后盖上地膜，再覆土 2～3 厘米。畦床上面加盖草苫遮阴，保持“三阳七阴”为适。

（四）发菌培养

早春播种后温度较低，可在晴天揭开草苫，让阳光照晒增加料温，晚上再覆盖保温。播种后2～3天，当料温上升至20℃以上时，要揭开草苫并掀起两侧塑膜，通风散热降温。经过30天左右的发菌培养，菌丝透入培养料一半左右时，掀开料面上的盖膜。

（五）菌丝转色

一般3月份播种，5月份就已发透菌，并达到生理成熟。此时便可揭去料面报纸和塑膜。温度要保持在18℃～23℃，7天后每天早晚各掀膜通风1次，每次10～20分钟，以拉大干湿差，促使菌丝倒伏。转色期温度最好维持在20℃～22℃，生料地栽养菌50～60天，用手拍击料面，发出“嘭嘭”响声；菌床面上出现瘤状突起的菌丝，说明菌丝已进入生理成熟期。当菌床表层局部原基分化，每天必须揭膜通风20～30分钟，并给予散射光照，温度掌握在15℃～25℃，适量喷洒雾化水，空气相对湿度控制在80%～85%。通常在菌丝走到底后，需再培养20～25天转色结束。

（六）出菇管理

7月份有时温度高达30℃以上，必须采取清晨或夜间温度低时揭开薄膜通风，中午把沟畦两头或两旁的棚架塑料膜揭开通风；每天或隔天喷水1次，保持棚内空气相对湿度在85%～90%。闷热天两侧塑料膜要揭开，促使空气流通。盛产期为8～9月份，若温度一直处于20℃以上时，可在晚上或凌晨揭开盖膜通风散热，使菇床温度下降。第一潮菇采完后停止喷水，并揭膜通风8～12小时，菌丝充分休息复壮7天左右，通过3～4天干湿交替，冷热刺激后，第二潮子实体迅速形成。北方冬季寒冷，当温度下降至0℃

时，子实体停止生长，此时可将菌床表面清理干净。结冻前，喷 1 次封冻水，然后盖上地膜，覆土 2 厘米厚或盖上草苫。至春季温度上升至 10℃以上时，把越冬物清除，并在晴天中午给菌床喷水，让菌膜表层湿润，促使菌床迅速出现原基，并分化成菇蕾。一般 10 天左右可开采 2 潮春菇，春菇的产量每平方米可收 2.5～4 千克。

十二、林下培育花菇技术

(一)小棚培育花菇

中原地区 12 月份、翌年 1 月份、2 月份，这 3 个月温度低、温差大、空气干燥、多风气候，在林下搭菇棚培育花菇的具体做法如下。

1. 建棚制袋　菇棚长 5～6 米、高 2.4～2.6 米，每棚面积 15 米²，内设 5～6 层，可排放 500～600 个菌袋。栽培袋规格折幅宽 24～25 厘米、长 55 厘米，每袋装干料 2 千克左右。秋季接种，选用中温偏低型菌株，如 Cr-62、L-087、L-856、L26、农 7、农林 11 号等。8 月下旬至 9 月底制菌袋。经室内养菌 60～80 天后生理成熟，即可搬进棚内排放于架层上，并转入催蕾和诱蕾管理。

2. 催蕾诱蕾　发菌培养期间进行刺孔透气，袋内水分散失较多，催蕾采取浸水和袋堆盖膜保湿同时进行。用小刀在幼蕾四周环割 2/3 或 3/4 薄膜，薄膜保留，如一个袋上现蕾过密而挤压时，应进行疏蕾，以每袋保留 6～8 个菇蕾为宜。

3. 科学催花

(1)短加温　选择晴天夜间，在罩紧薄膜的菇棚内加温增湿，使棚内温度迅速升高至 25℃左右；同时喷水使空气相对湿度达到 85%。加温增湿时间每次掌握在 3 小时左右，可连续 3～4 天，使菇体表面处于湿润饱和状态，加速细胞分裂，增加活力，使菇体肥厚。

(2)长通风　通过加温增湿后，把菇棚罩膜全部揭开，温度急降，温差15℃左右，冷风侵袭菇体，使饱和状态的菇盖又处于干燥环境，形成较大的干湿差和温差刺激。造成菇盖表层与肉质细胞分裂不同步，致使菇盖表皮破裂。如遇2～3级微风吹拂，更有利于增加花纹深度。

(3)强光照　花菇无光不白，光线能促使菇盖裂纹后露白的组织，增加白色纯度。因此，必须增加棚内光照。秋冬和早春日照短，晴天全日制揭开薄膜，让阳光直接照射菇体，致使菇盖加速裂纹露白，形成白花菇。

4. 育花保花　在幼菇菌盖表皮出现裂纹后，晚上11时在棚内加温排湿4～5小时，菌袋内温度15℃以上，使幼菇慢慢生长，菌肉加厚、加密，裂纹不断加宽加深，并越来越白。白天晴天时仍将菇棚上薄膜掀去，让冬季的太阳直接照射菌盖，有利于裂纹增加白度。保花过程中，空气相对湿度不超过70%，晚上就不需加温排湿。花菇在5℃～12℃的低温下，缓慢生长，当菌膜将破或已经破裂、菌盖卷边、7～8成开伞时，就可分批采收，一般可采5潮花菇。

(二)生料菌床培育花菇

利用林下野生料菌床栽培花菇，在辽宁、吉林、黑龙江、内蒙古、甘肃等东北省(自治区)获得成功，已具有不同程度的生产规模，花菇产出率可达50%左右，具体技术措施如下。

1. 生产季节　生料栽培接种，北方大多数地区在3月中下旬进行，温暖地区可提前至2月底，高寒地区应推至4月底。接种后2个月发菌培养，至5月份菌丝发透，再经15～20天菌丝转色，5月份后进入花菇产季，直至11～12月份结束。菌种生产以地栽播种期为起点，提前90天进行原种和栽培种制作。

2. 做畦搭棚　选择背风向阳、近水源田野场地，挖畦坐北朝南，东西走向，畦宽1.2米，中间留20厘米宽的土隔道，两边各宽

50 厘米，深 10 厘米。挖出的土块放于两侧作为埂道，埂高 20 厘米，每隔 20 厘米打拱条作罩膜架。

3. 配料发酵　培养基配方：杂木屑 75%，豆秆 10%，麦麸 14%，石膏粉 1%，含水量 55%。然后置于向阳处堆料发酵，上下塑料膜罩严，夜间加盖草苫保温。当堆内料温达 70℃时进行翻堆，再盖好发酵，又达 70℃时即可，要求发透不生不烂。

4. 播种养菌　常用菌株有 8911、9019、辽香 04、辽香 8、YH8008 等。每平方米投料 40 千克、菌种 5 千克，先将菌种的 2/3 混拌于料内，余下 1/3 播于表面。料面中间稍高于两侧，边播种边压实边盖膜，然后在盖膜上面覆土 2 厘米厚，并罩好棚膜。

5. 催蕾促花　转色后拉大昼夜温差，喷水增湿，干湿交替，进行催蕾。当菇蕾长至 3 厘米大时，夜间揭膜 1～2 小时，让冷风刺激；白天罩膜不通风、不喷水，让棚内空气干燥，畦床内空气相对湿度控制在 70%进行催花。成花后温度控制在 15℃～20℃，晴天揭开草苫，让阳光照射，使裂纹逐步加深、白度亮度显现，优质白花菇即可育成。东北高寒地区花菇多于夏季 6～9 月份为盛产期。

十三、林下栽培香菇常见疑难杂症及防控措施

(一)畸形菇

子实体生长发育出现“蜡烛状”、“松果状”或“单边大”等畸形，属于畸形菇，失去商品价值。制约畸形菇发生与防控措施如下。

1. 了解菌性，防止引种失误　引种前先弄清菌种特性，因地制宜选用对路品种，以此安排接种季节，推算出预定的出菇时间。

2. 菌丝成熟要达标，防止盲目脱袋　脱袋过早菌丝未达到生理成熟，变异菇就多。菌丝生理成熟应掌握“一个菌龄、三条标准”。即从接种之日起，秋栽短菌龄的一般 60～70 天；袋内瘤状突

起的泡状菌丝，占整个袋面的2/3；局部出现棕褐色；手握菌袋有松软弹性感，此时脱袋才适宜。

3. 转色要把关，防止温度失控 头3天温度在25℃以内，畦床上的盖膜不必揭开通风。在正常情况下12天转色结束，3天后出现第一潮菇。转色要求温度不低于12℃，不高于25℃。出菇最佳温度在15℃左右。

4. 变温催蕾要正确，防止温差刺激不够 变温适当，出菇多，菇态好，无畸形菇。正确的变温方法：白天用薄膜罩住畦床，晚上12时后揭开薄膜1小时，日夜温差10℃以上，使菇蕾大量发生。要求在转色后连续变温3～4天。

5. 菌筒浸水要适量，防止水分过低过高 菌筒含水量低于40%时，出菇难，小型菇多，一般当菌筒的重量比原来下降30%时，即可进行浸水，吸水量以达到制袋时重量的95%就足够了。吸水过饱易造成菌丝呼吸困难，影响正常长菇。

6. 二茬催菇要得法，防止偏湿偏干 每采完一潮菇，畦床必须揭膜通风6～7天，使菌丝吸收充足的氧气，以恢复生长能力，然后转入喷水保湿，干湿交替，催促下一潮菇蕾发生。

(二)寒冬萎蕾死菇

幼蕾对外界适应性较差，如果管理失控，就易发生菇蕾萎死。防止幼蕾死亡的措施如下。

1. 控制温度，防止冻死 秋栽香菇进入冬季，容易遭遇寒流。当温度降至5℃以下，并持续几天时就会把幼蕾冻死，表现为菇蕾发软。冬季幼蕾发生后，要注意天气预报，以防冻死幼蕾，遇5℃以下低温天气时，应采取火道加温。

2. 控制湿度，防止干死 冬季气候干燥，一般空气相对湿度在40%左右。在这样的环境条件下幼蕾易干死。干死的幼蕾变硬“钉”。防止幼蕾干死，可向菇棚内地面洒水或将水蒸气通入菇棚，来提高空气相对湿度。

3. 控制通风，防止枯死　幼蕾期不能让风直接吹幼蕾，以免菇体表面水分蒸发过快，造成菇体失水时间过长、过多而枯死。在幼蕾生长期盖好棚膜，需要通风时可在无风天气，短时间揭膜通风，并及时覆膜保湿。

4. 控制气害，防止毒死　冬季棚内升温，燃烧产生的气体易造成幼蕾二氧化碳、二氧化硫和一氧化碳中毒而死。菇棚内加温时，要采取火道通过烟囱，把废烟排出菇棚外。棚内要定期通风，排出有害气体。

5. 控制温标，防止烤死　催花时加温过高，往往将整批幼菇全部烤死。菇蕾生长的最高温度为 20℃，催花时温度不宜升得太高，且时间要短。同时加强通风排湿。

幼蕾发生死亡的这 5 种现象，有些是互相联系的。因此，在生产中要调控好温、光、湿、气等环境因素，使幼蕾健壮生长。

十四、林下栽培香菇常见虫害及防控措施

林下常见菌蚊，包括菌蚊科、眼蕈蚊科、瘿蚊科、蛾蚋科、粪蚊科等品种，属于双翅目害虫，是香菇生产中的主要害虫之一，菌蚊见图 2-6。

菌蚊绝大部分咬食香菇子实体。而幼虫多潜入较湿的培养基内吸食香菇菌丝，并咬食原基，严重发生时菌丝全部被吃光或将子实体咬食至干缩死亡。菌蚊侵入袋内生卵，4～5 天后卵变成线状虫，每条虫又可繁殖 8～20 条幼虫。幼虫钻在料内吸食菌丝，10～15 天后又化蛹，6～7 天后蛹变虫，有性繁殖世代周期 30 天左右，给香菇生产带来严重危害。

防治方法：注意菇房及周围的环境卫生，并撒石灰粉消毒处理，菌袋开口前进行 1 次喷药灭害，杜绝虫源。房棚内安装黑光灯

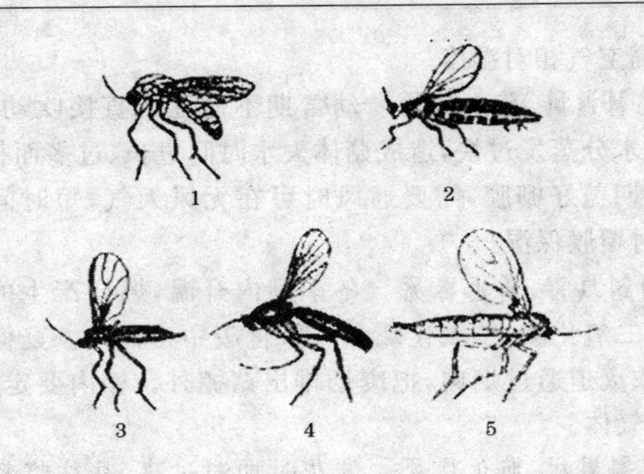

图 2-6 菌 蚊

1. 小菌蚊 2. 真菌瘿蚊 3. 厉眼蕈蚊 4. 折翅菌蚊 5. 黄足蕈蚊

诱杀，或在菇房灯光下放半脸盆 0.1% 敌敌畏杀虫药液。发现被害子实体，应及时采摘，并清除残留，涂刷石灰水。菌蚊发生时尽量不用农药，在迫不得已的情况下，可使用低毒、低残留农药，如锐劲特 3 000 倍液或农梦特 2 000 倍液喷洒杀灭。

第三章　林下栽培黑木耳新技术

一、黑木耳对生长条件的要求

(一)温　度

黑木耳属于中温型、变温结实性真菌,对温度反应敏感,耐寒怕热,喜欢较大的温差。其菌丝体在4℃～36℃均可生长,30℃左右生长速度最快,最适宜温度为18℃～28℃,在这个温区范围内,菌丝生长质量最好。

黑木耳子实体生长的温区范围为10℃～30℃,在10℃以下或超过30℃时,生长停滞。其中,原基的形成温度为18℃～28℃,子实体生长发育在15℃～25℃条件下,长势良好,耳片厚、黑,产量高,质量好。10℃～15℃时子实体生长缓慢;25℃～30℃时子实体生长质量差,黄而薄,产量低,质量差,还容易出现流耳、烂耳。

黑木耳属典型的变温性真菌,冷冷热热的温差,可刺激原基形成和子实体分化,促进营养积累,提高黑木耳质量。

(二)水　分

黑木耳菌丝生长发育阶段,培养基含水量以60%为适,空气相对湿度在70%以下为适。子实体生长发育培养基含水量保持不低于50%,空气相对湿度保持在85%～90%最适。若空气相对湿度长时间超过90%,容易发生病害引起流耳。

(三)空　气

黑木耳属需氧生物,如气性菌类。栽培环境要求空气新鲜,通风良好。长耳阶段,如果棚内二氧化碳浓度达 0.1%以上时,会受到危害,致使展片不良,并引发杂菌滋生蔓延。

(四)光　照

黑木耳菌丝生长不需光照,进入子实体生长期需要散射光线,一般以 600 勒[克斯]为适。光线不足,耳片薄,色淡。

(五)pH 值

黑木耳菌丝在 pH 值为 4～7 的环境下均能生长,而以 pH 值 5～6 较适宜。

二、林下黑木耳的栽培方式与林地要求

林下栽培黑木耳的方式,主要是露地摆袋开放式全光育栽培和林间拉线吊袋仿生态栽培。这 2 种栽培方式对林地条件要求不同。

(一)露地摆袋开放式育耳的林地要求

树林种植行距要求 2～3 米,空地便于整理成宽 1.3～1.4 米的摆袋畦床;土壤肥力强,沙壤土,森林郁闭度要求在 40%～50%,以满足黑木耳全光育培养长耳光照度的要求。林阴过密、光照度不足,不利于长耳的林地不宜选用。

(二)林间拉线吊袋仿生育耳的林地要求

森林郁闭度 60%较为适合,树木植株要求树干直立,树冠上部茂密有成年树龄,利用树干拉线吊袋透光长耳。树形短,分枝茂

密的桃、李、柑、橘一类的林地操作不便，不适宜选用。

(三)相应配套设施

黑木耳菌袋生产和培养场所参照香菇，也可以在近林地乡村进行生产料袋，灭菌后运至林下接种帐内接种，林下罩膜棚发菌培养。一般林下空气清新，病原菌少，安全性较好。但林下发菌要十分注意，罩膜棚四周开好排水沟，防止发菌期下雨时山水冲进发菌棚内。黑木耳全光育露天栽培，喷水方式与其他菇菌品种不同，要求勤喷、细喷，也就是喷雾化水喷于畦床上的菌袋。因此，每畦上采取设置喷水带，安装开关，各畦连接形成微喷网络，方便喷水。

三、林下栽培黑木耳季节安排

黑木耳栽培季节，应根据菌丝生长和子实体发育 2 个不同阶段所需的最适环境条件进行合理安排。传统段木栽培是“春分、清明至谷雨，木耳接种最适宜”，它是一年一季接种期。而培养料栽培则是一年春、秋两季播种。由于我国南北气候不同，同样是春秋季节，但差异甚大，而且同一地区所处位置海拔高度不一，温度又有区别。因此安排栽培季节时，必须掌握好 2 个关键点：一是接种期当地自然温度不低于 20℃，最高不超过 32℃；二是以接种日起往后 40～50 天为子实体生长期，当地自然温度不低于 15℃，最高不超过 30℃。这样接种后使菌丝处于最佳环境中培养，使子实体在最适温度条件下生长发育。

具体栽培季节，可划分为以下几个地区。

(一)长江以南省(自治区)

春栽宜 2～3 月份接种，4～6 月份长耳；秋栽宜 8 月下旬至 10 月底接种，10 月份至 11 月底长耳。

(二)华北地区

以河北省中部温度为准，春栽宜3～4月底栽种，5～6月份长耳；秋栽宜7月上旬至8月中旬接种，8月下旬至10月中旬长耳。

(三)西南地区

以四川省中部温度为准，春季宜3～4月份接种，5～6月份长耳；秋栽宜9月初至10月上旬接种，10月中旬至11月底长耳。

(四)东北地区

以黑龙江中部温度为准，春栽宜4月份至5月上旬接种，5月中旬至6月底长耳；秋栽宜7月上旬至8月中旬接种，8月下旬至10月上旬长耳。

四、培养基配制

配方1：杂木屑86.5%，麦麸10%，豆饼粉2%，生石灰0.5%，石膏1%。

配方2：杂木屑83.5%，麦麸15%，生石灰0.5%，石膏1%。

配方3：杂木屑61.5%，玉米芯20%，麦麸15%，黄豆粉2%，生石灰0.5%，石膏1%。

配方4：棉籽壳90%，麦麸8.5%，生石灰0.5%，石膏1%。

配方5：棉秆屑57%，棉籽壳或玉米芯30%，麦麸10%，豆饼粉2%，生石灰0.5%，石膏0.5%。

配方6：杂木屑56.5%，玉米芯30%，麦麸10%，豆饼粉2%，生石灰0.5%，石膏粉1%。

配方7：玉米芯56%，杂木屑30%，麦麸12%，生石灰1%，石膏1%。

配方 8：甘蔗渣 61%，杂木屑 20%，麦麸 15%，黄豆粉 3%，石膏 0.5%，生石灰 0.5%。

以上配方料与水比 1∶1.1～1.2，含水量 60%～65%，pH 值 6～7.5。

黑木耳栽培袋规格南北省（自治区）不同，北方采用 17 厘米×33 厘米短袋，装料高度 17～18 厘米，每袋装干料 400～450 克；南方采用 13.5～15 厘米×55 厘米长袋，装料高度 43 厘米左右，每袋装干料 750～900 克。采用装袋机装料，要求松紧适中。拌料装袋灭菌按常规。

五、菌袋接种培养管理

菌袋接种按常规操作，500 毫升菌瓶的固体黑木耳菌种可接栽培袋 30 袋，接种后进入菌袋培养。东北地区为提前出耳，充分利用室外春季自然温度出耳，多采用冬季室内集中养菌、春季室外出耳的办法。养菌室应备增温、保温、升温（有暖气、火炉等）、保湿、通风（风扇）等条件。开头 7～10 天，室内如不超温可不必通风。培养室温度要求 25℃～28℃，空气相对湿度要求 45%～60%，干燥、避光。菌丝吃料 1/3 后，应及时通风，把袋距拉开 1 厘米左右，并使温度不超过 25℃。袋内温度超过 36℃时，会出现“烧菌”，超温下培养的菌丝受到严重挫伤，没等划口出耳，菌丝就收缩发软吐黄水，不长子实体。养菌室后期注意通风。在高温缺氧条件下，菌丝勉强生长，但在出耳时失去了抗杂能力，极易烂耳。只要温湿度适合，空气新鲜，一般来说液体菌种 30 天左右，固体菌种 40～50 天左右，大部分菌丝都可长满全袋。

气温较低的北方地区，确定春天室外养菌的时间一定要考虑出耳时的温度，定好出耳时间后，往前推 40～60 天进行养菌。林间养菌要搭建遮阳棚，棚内温度不超过 28℃。春季林下养菌要采取覆盖塑料布或在塑料大棚内养菌，以提高温度，缩短养菌时间。

（一）场地选择

选择不积水、通风良好、清洁的地段。春季可选择向阳、光照好的地方，以利增温；暑期应选择遮阴好、通风的地段，或人工搭遮阳棚，以防高温烧菌。

（二）畦床整理

养菌床可以直接用作出耳床。可选南北走向或顺坡方向，以利于排水。床的长度根据地形地势，宽度1～1.5米，床与床之间的作业道宽50～60厘米。床比作业道高出8～10厘米，以利于排水。按照床的宽度，结合出耳时的要求，备好草苫遮阴、保温。

（三）菌袋堆垛

如果室外天冷，已接种的菌袋应在菌丝萌发定植后，再到室外养菌。北方小袋养菌卧摆在床面上，顺着床的长度方向摆袋，袋可垛放5层菌墙，两排墙之间留10厘米的距离，以利于通风换气。每667米^{2}可摆放4万～6万袋。南方长袋“井”字形堆至1～1.2米高即可。摆完袋后盖上草苫，床内放温度计，定点定位检查。

（四）养菌管理

菌袋摆入床后，北方地区15天内不用挪动，15天左右掀开塑料膜、草苫检查菌丝生长情况。正常情况下床内温度应控制在15℃～25℃。当菌丝占领料面、并吃料1/4时，掀开草苫，进行倒垛。每袋互换位置，朝上面的转到朝下面去，这样互换位置，通风半天，及时盖上草苫。床内最高温度不应超过25℃，温度低应盖上塑料膜增温，温度高则应及时通风，搭上遮阳物。如遇雨天必须盖上塑料膜，防止雨水淋湿封盖，一般40～60天菌丝可长满全袋。

六、林下菌袋排场要求

不同地势、不同降雨量，应做不同的耳床。排水好的场地可以做地平床；积水低洼地，应做高出地面 10～20 厘米的地上出耳床；干旱地区可顺坡做 10～20 厘米的地下床（浅地槽）。床面宽 1～1.5 米，作业道宽 40 厘米，长度不限。床面可铺打孔的塑料薄膜或旧编织袋，以防子实体溅上泥沙。菌袋上床，按间隔 10 厘米左右，“品”字形摆放。每平方米可摆 25 袋，每 667 $米^2$ 地，留 1/3 为作业道，余地至少可摆 1 万袋。

露地全光育耳，即出耳时将菌袋摆放在阳光直射畦床的环境下，采用雾喷设施加湿的方法出耳。露地全光育耳要注意以下 3 点。

第一，适用范围。低湿季节和北方干燥地区较适宜。而高温季节和南方省（自治区），阳光过分直射，会造成耳子薄、黄，甚至超温烂耳和污染，因此不适用。

第二，增湿设施。必须配套喷灌设备，为出耳湿度作保障。雾喷时的耳床，空气相对湿度可达到 95％以上，相当于草苫保湿。

第三，区别先后。要在室内、地槽或草苫覆盖下集中催耳后，再摆在露地耳床上，切不可划口后直接摆袋，防止划口线吊干，原基不生成，也防止划口线进水污染。因此，可采取草苫覆盖菌袋，催出整齐的原基后，再露天摆袋出耳，即“盖一半、露一半”。

林下露地全光育耳，在适宜的季节，一般为早春和晚秋。采用全光育耳，浇水时充分保障耳片充分吸水；停水时阳光和风把耳片快速干燥，做到“干就干透，湿就湿透，干湿分明”，这符合栽黑木耳子实体生长的要求。出耳时充分的光照和良好的通风，促进子实体分化。阳光的紫外线虽有杀灭耳场表面杂菌的作用，但也要防止高温、不通风，造成烂耳与污染。喷水时要掌握“七干、三湿”的原则,全光育耳在进入高温季节时,必须采取罩遮阳网,这样可延长出耳期,遮阳网一般距地面 1.5 米高为宜。

七、菌袋划口出耳管理

黑木耳菌袋经过 40～50 天的培养后,菌丝体生理成熟,便转入出耳阶段。为促进子实体形成,达到速生、高产、优质的目标,出耳必须进行划口,以增加出耳穴。现划口增穴分别有三角口、十字口、长条形、圆口等多种形式。这些划口都比较大,培养阶段直接与水、空气接触,容易造成污染;而且口型大,养分易于散失,子实体不易长大,更难成朵;口型大,喷水时水分渗透袋内,子实体虽易形成,但生长难,拖延了长耳期,影响产量。

实践表明,菌袋增穴划口,以“V”形口为最佳。其优点:一是口型小,培养阶段与空间接触少,避免露空养分散失;二是口型上大下小,菌袋上方的薄膜,一经划破即翘起,似伞一样遮盖于穴口,培养阶段喷水时起到保护伞的作用,以免喷水直透穴口,引起杂菌污染;三是“V”形口下方三角尖部位小,正好让水分保留一小点于尖口,有利于穴口保湿出耳;四是原基形成时,划口处两条斜角一连接,1 个杏核大小的原基顶起穴口的塑料膜,使它自然向上翘起,子实体本身封住穴口,水浇不进袋内,形成菌袋“内干长菌丝,外湿长子实体”的良好出耳条件;五是穴口小,耳芽集中,出耳成形美观。因此,划“V”形口最为理想。

划口时可采用刀片,沿着袋面划割。从左入刀下划,从下顺刀向右斜划,形成“V”形的穴口。

(一)划口角度

划口的角度为 45°～55°,角的斜线长度为 2～2.5 厘米。斜线过长,一是营养分散,子实体原基很难形成大朵;二是穴口过大,培养基裸露面积大，外界水分也易渗入袋内，容易感染。反之，划口角度斜线过短，造成穴口小，子实体生长受到抑制，产量降低。

（二）划口深度

划口深浅对出耳早晚、耳根大小影响显著。划口过浅或不往培养基内划，子实体长得朵小，袋内菌丝的营养输送不上来，长耳慢，而且耳根未伸入袋内，一碰就掉。划口过深，子实体形成较晚，耳根过粗，延长原基形成期。划口的适宜深度为 0.5 厘米左右，最多不超过 0.8 厘米，这样的深度有利于菌丝扭结形成原基。在正常温湿度条件下，一般 7 天原基便可形成并封住划口处。

（三）定位定量

菌袋划口布局和划口数量多少都有讲究。由于菌袋规格不同，栽培形式不一，划口的方位和划口数量略有差别。规格为 17 厘米×33 厘米的短袋，为立式排放栽培，垂直于穴口，可划 2～3 层口，呈“品”字形排列，每层 4 个口，每袋 8～12 个口。上下 3 层口距离较近，中间 1 排可划 2 个口。如果划口数量过少，浪费袋内营养；划口过多，子实体分化不良，产量无保证。规格为 12 厘米×50 厘米的长袋，有立式斜靠和卧式横排 2 种栽培方式。立式的同短袋垂直布局划“品”字式，每袋划 12～15 个口；卧式的应采取横向布局划口，每袋划 12～15 个口。

八、诱发耳芽措施

菌袋划口后，进入原基形成和耳芽发生阶段，也就是黑木耳由营养生长阶段转入生殖生长阶段。为确保原基迅速形成，必须认真掌握以下 5 点。

(一)集中复壮

由于菌袋从室内搬到野外,又经搬动和划口工序,菌丝受到一定挫伤。为使其迅速恢复,划口后必须采取集中培养复壮。把菌袋密排在1～2条畦床的排袋架上,罩紧薄膜,让菌袋在小气候内5～7天,使穴口菌丝尽快复壮。如果划口后直接把菌袋摆放于各个畦床上,穴口菌丝容易干燥,一喷水又易霉烂。

(二)保湿发育

经过集中复壮后,及时把菌袋分别摆放在畦床排袋架上,罩好盖膜。保湿为主,使穴口培养基表面湿润,以免干燥板结,空气相对湿度以85%～90%为宜。一般不往菌袋的穴口上直接喷水,只可用0.7毫米孔径喷水片的喷雾器,在架床四周及空间进行喷雾。如果空气相对湿度过大或水喷在穴口上,菌丝就会加速生长,形成一层白色菌皮,影响原基出现,或菌丝易胶质化。

(三)干湿交替

干湿交替是促进原基形成的一种手段,经过上述自然地湿和微量喷雾后,穴口湿润。此时可进行揭膜通风,每天早晚各1次,时间为15～20分钟,使畦床内更新空气。穴口表面湿度稍降,干干湿湿,袋内菌丝接触氧气后,加速新陈代谢,原基迅速显露,并逐步形成耳芽。

(四)湿差刺激

冷冷热热的温差刺激十分有利于出耳。当原基形成后,夜间可把畦床上的罩膜揭开,使白天与晚上形成温差。同时夜晚空间细雾蒙蒙,适于原基分化成子实体。

(五)散射光照

黑木耳菌丝见光原基易现。散射光能诱发原基形成，而且还能与空气同时作用，来调节空气相对湿度，抑制霉菌滋生。因此林下排袋后要有散射光透入，以更好地促使原基迅速形成，并逐步分化。

九、出耳管理技术

(一)湿度控制

黑木耳培育阶段要求干燥，当菌丝体生理成熟，菌袋进行划口时，就需要增加空气相对湿度在这个时期进行第一次喷水，但不能直接向菌袋穴口中喷水，只可用 0.7 毫米孔径喷水片的喷雾器，在空间喷雾化水。空气相对湿度要求 85%～90%。如果空气相对湿度过大或喷水穴口上时，菌丝加速生长，形成一层白色菌皮，就会影响原基出现或者菌丝易胶质化。

随着子实体生长进展，喷水也要逐步增多。空气相对湿度要求 90%～95%。通常晴天，每天喷水 1 次，喷水多少应视子实体的生长状况而灵活掌握。幼耳阶段天气阴雨潮湿，应少喷水，子实体生长中期，吸水量较大，如天晴干燥，应多喷水，少通风。根据栽培者实践经验，必须掌握“五多五少”，即耳芽多的多喷，耳芽少的少喷；耳萎缩多喷，耳湿少喷；晴天多喷，阴天少喷；冬天多喷，春天少喷；气温高多喷，气温低少喷。喷水结合通风，以免高温高湿而烂耳。只有科学喷水，满足子实体在不同生长阶段、不同发育状况下的需求，才能取得高产、优质的效果。喷水的水源必须无污染，水质要清洁卫生，符合无公害栽培的要求。

(二)温度控制

出耳阶段的温度,分为耳芽形成和子实体生长发育2个阶段。即肉眼看到黑色隆起的耳芽长出和逐渐长成片状的子实体。温度对子实体生长关系密切,温度高,子实体生长快,成熟早,总产低;温度低,子实体生长缓慢,生长期长,总产量反而高。

(三)光照适度

黑木耳子实体生长阶段,需要有足够的散射光和一定的直射光。增加光照强度和延长光照时间,能促进耳片的蒸腾作用,并提高其新陈代谢活动,使耳片变得肥厚、色泽变黑、品质好。据试验,光强度在400勒[克斯]下,黑木耳是浅黄色;1 000勒[克斯]以上,为黑色。出耳棚光照度要求“三分阳、七分阴”,花花光照进棚内。

(四)通风增氧

长耳阶段呼吸作用加强,要经常保持空气新鲜。尤其是气温高、湿度大的情况下,更应注意通风换气,促进出耳和耳片分化。如耳片生长缓慢,并生长漏斗状的耳柄,则说明通风换气差,应及时揭膜通风,使耳片尽快恢复生长。低温季节,应缩短通风时间,并选择中午通风10～15分钟。以满足子实体新陈代谢中对氧气的需要,才能确保正常的生长发育。注意盖膜切不可密不透风,如果畦床内的二氧化碳浓度超过0.1%时,就会影响子实体生长。

黑木耳划口出耳至子实体成熟,通常需60天左右。在这60天管理得法就可获得高产、优质产品。这60天中包括划口、诱基、幼耳、中耳、成熟、采收加工过程,稍有一个环节疏忽或管理技术失误,都会直接影响产量和品质。为了便于栽培者在生产中参考对照,特列表如下,见表3-1。

表 3-1　黑木耳袋栽子实体生长阶段管理技术日程表

划口增穴后的天数	子实体长势	作业内容	环境条件要求			注意事项
			温度(℃)	湿度(%)	日通风次数	
1～5	透明粒状原基分化	菌袋消毒，开洞增穴，喷雾空间	24～26	85～90	2 次，每次 20 分钟	增光诱耳，空间喷湿，空气流畅
6～10	耳芽伸展膨大	每天喷水 1～2 次于菌袋及空间	23～25	90	2 次，每次 40 分钟	幼耳期防止穴口积水和菌丝缺氧
11～20	日长 0.5 厘米，耳片肥厚，色黑	每天喷水 2～3 次于菌袋及空间	20～25	90～95	3 次，每次 30 分钟	成耳期温度不超过 30℃和不低于 18℃，防止流耳
21～25	耳根收缩，耳片起皱，光面粉白	停水 1 天，采收第一潮耳后，再停水 1～2 天	23～25	85～90	3 次，每次 1 小时	采收期防止闷热，选择晴天采收，不留耳根
26～30	二潮耳芽初露喇叭状	每天喷水 2～3 次于菌袋和耳片，边采收边管理	23～25	90	2 次，每次 30 分钟	控温保湿，防止洞口积水，注意空气新鲜

续表 3-1

划口增穴后的天数	子实体长势	作业内容	环境条件要求			注意事项
			温度(℃)	湿度(%)	日通风次数	
31～40	耳片逐渐膨大呈朵状,色深黑	停止喷水,边采收边喷水,每天2～3次	23～25	90～95	3次,每次1小时	保湿保温,稻草、甘蔗渣的采收结束
41～60	幼耳逐渐膨大成熟	每天喷水2～3次,采前2天停水,让养分输送进耳片	23～25	90～95	2～3次,每次40分钟	棉籽壳、木料屑的继续长耳,控温保湿,干湿交替

十、林间挂栽黑木耳管理技术

黑龙江省林口县充分利用东北林区自然生态环境条件,采取林间吊袋栽培,形成了一种新的开放式吊袋栽培,又拓宽了新的栽培空间,实现了省地、省工、高产、高效。其主要技术如下。

(一)林场条件

选择地面平整,坡度较小,阳光充足,水源洁净充足,地块不积水,无洪涝的林场。林地以“六阴四阳”为适。遮阴度过高的林间,进入出耳期因光照度不足,不利于通风换气,不利于子实体发育,因此易产生流耳、霉烂及杂菌污染危害。选定场地后进行清除杂草,并用0.1%(含量70%)甲基硫菌灵溶液喷洒消毒。

(二)搭建吊架

首先搭建一个宽6～8米、长13～15米、中间立柱高3米、两边立柱高2.5米的立体吊架。搭建时先把两边的立柱每隔2.5米左右,对齐挖埋放,并用木棍"×"形钉牢拉紧;在两边已埋好的立柱上面,用横木杆连接固定并绑紧;中间留一条人行管理道,宽1米,用于栽培期间喷水管理。在人行道两边每隔3米左右,顺道两边的方向,立起同四周等高,并绑紧对齐的立柱。在固定好架子的最上面,每隔30厘米放一根细木杆或用10号铁丝代替,铁丝两头必须固定在木杆架子上。框架搭好后,上面覆盖一层塑料膜,防雨。四周全部用遮阳网或草苫遮挡,一般长15米、宽6米、高2米,林间可吊挂1万袋。

(三)吊袋方式

用尼龙绳把菌袋口绑1个结,多余的袋膜往下反折,再用尼龙绳绑紧系好,即吊完1袋。袋口绑绳处与第一袋底部相平,绑完1根绳后开始划口。立体吊袋栽培,不宜先划口后绑袋,避免菌料和菌丝体脱离,影响原基形成,出耳少或不出耳,且易受霉菌污染。

一般每根尼龙绳按2米高立体吊袋计算,可吊挂7袋。吊袋时每行之间按"品"字形进行,袋与袋之间距离以25～30厘米为宜,不能少于25厘米,行与行之间距离不能少于30厘米。如吊袋密度大,栽培至中后期,通风不良,特别是在高温、高湿条件下,容易出现耳片腹面弹射孢子并停止生长,引起不开片、流耳、烂耳等现象。

(四)出耳管理

菌袋吊完后,把洁净的河水或井水放入棚内,使沙子全部湿透,每天往四周的草苫子上喷雾3～4次。使棚内的空气相对湿度保持在80%～85%，有利于原基的快速形成。此期温度应控制在20℃～25℃。一般按上述管理中、晚生品种需12～15天，早生品种需4～6天，可使原基全部形成。

原基全部形成后，把栽培棚四周的遮阳网及顶盖上的塑料膜全部撤掉。在棚内顶部的第二层棚顶部的粗横木棍上，分别各安装1根塑料管并安好微喷头，使喷水口朝上并绑紧固定。利用林间遮阴开放式栽培管理，喷水应掌握春天干旱季节，应多喷、勤喷；阴天及温度较低时，要适量少喷。在子实体生长前期，雨天棚顶不需要任何遮盖物，任雨水自然淋浇，根据雨量大小及时间长短，结合人工少喷或不喷。待子实体生长至中后期，若遇有连阴雨天，必须把棚顶上面铺放一层厚塑料膜，并用绳交叉绑紧，防止雨水浇到木耳上。耳片全部伸展，使袋与袋之间的子实体距离缩小，空气不流畅。如此期任雨水淋浇，可使子实体腹面快速弹射孢子，造成大量流耳、烂耳及严重的霉菌污染。这也是目前各地棚式立体吊袋失败的重要原因之一。因此雨天之后，应及时撤掉大棚上面的塑料薄膜，加大通风换气量。当全部展片长至八成熟时，停止喷水，选择晴天采摘。

(五)转潮续管

黑木耳正常是1次接种连收3～4批。第一、第二批量多质优，第三批次之，第四批少而差。采收第一批黑木耳后，为促使迅速转潮生长第二批子实体，管理上必须掌握好以下技术。

1. 铲除耳根 常因第一批子实体采收时，耳根没除净，遇温度高时，出现霉烂，导致杂菌污染，无法再生。为此采收时，要沿袋面整朵割下，并用利刀铲除穴口上的残留耳根。

2. 控湿养菌 采后的菌袋要停止喷水4～5天，同时加强通风，并把荫棚上的遮盖物拉稀，增加光照度，使穴口表面水分收缩。袋内菌丝继续吸收养分，由原来生殖生长转回营养生长，此时畦床温度应掌握在24℃～26℃，以促进菌体复壮，为第二批长耳提供强壮的菌丝体条件。

3. 重划穴口　黑木耳出耳不同于银耳，它不是出耳于原接种穴口上，而是通过划口露基后出耳。因此每收一批耳后，都要在菌袋上重新划口，这样才能使朵形美观，耳片伸展良好。划口必须在第一批采收后，经过7～10天的养菌，让菌丝重新转入生殖生长时，再划"V"形出耳口。

4. 出耳管理　由于经过长耳一批后，培养基水分已消耗一部分。因此，划口后的菌袋，为了诱导原基形成，必须微量喷水，使空气有雾化水淋沐穴口料面，每天正常揭膜通风，更新畦床内空气；同时采取温差刺激，干湿交替，促使迅速形成原基，并分化成耳芽，长成子实体。

十一、林下栽培黑木耳防止流耳措施

黑木耳出耳过程中往往会出现"流耳"现象。流耳，又称醣性耳或水烂耳，是子实体细胞充分破裂的一种生理性障碍现象。如不及时采取措施加以防止，则会导致严重减产，造成一定的经济损失。

(一)耳片自溶

菌丝代谢物积液在耳基分化时，导致耳片自溶而流耳。

防止措施：耳基分化时，及时用干净纸或纱布片擦掉耳基附近的代谢分泌物，可有效地防止流耳发生。

(二)耳片萎缩腐烂

大量出耳时，由于某些不利原因，耳片突然停止生长，进而萎缩及腐烂导致流耳。这些不利因素主要有高温、高湿、通风不良、二氧化碳积累过多等。

防止措施：对耳棚加强管理，适当降低温度与湿度，加强通风换气。

（三）耳片枯死

正当耳片生长发育时遇到不良因素，突然停止生长并萎缩枯死；继而又遇高湿而逐渐腐烂，其腐败物导致流耳。原因是培养基过分干燥或出耳期受干热或干冷空气影响所致。

防止措施：对过分干燥的培养基，出耳期适量喷水，控制空气相对湿度在80%～90%，温度不超过28℃。

（四）喷水不当

在耳片直径3～5厘米时，不能将水直接喷在耳片上，否则耳片积水过多，易引起细胞破裂导致烂耳，进而引起流耳。

防止措施：喷水时只能喷在耳棚空间、地面或四壁；加强通风换气，即可免遭流耳之害。

（五）用药不当

在防治病虫害时，如用药浓度过高或施药方法不当，药液直接喷在耳基或耳片上；以及误用农药等造成药害从而引起流耳。

防止措施：不要滥用农药，严格控制和掌握施药浓度；出耳时要施药，药液只可喷在培养基或耳棚四周及空间，切不可喷在耳片上。进入成熟期禁止喷药，以免造成产品污染。

（六）采耳不及时

木耳在达到生理成熟时，不断地产生担孢子，从而消耗耳片内大量养料，使之生理活性下降。此时如不及时采收，成熟的耳片如遇高温高湿、光照度差和通风不良，便可引起感染菌，发生溃烂性烂耳而引起流耳。

十二、菌袋霉烂原因及避免措施

(一)烂袋原因

黑木耳栽培管理不当,也会出现菌袋霉烂现象,常出现在划口处逐渐延续不规则扩大,呈黑褐色的斑块,并伴随霉菌发生、传染,严重时引起整袋报废,影响产量。其原因主要有下面几种。

1. 划口过大　开口处薄膜翘起,大多数农户以“×”形划口,口长3～4厘米。结果由于春季夏初梅雨季节,长期雨水浸入穴口,四周湿度太大,菌丝长期被浸泡变黑,并逐渐扩展。

2. 湿度过高　子实体虽然需要高温高湿,但并非越高越好。出耳时空气相对湿度要求在85%～90%,如果过高,加上荫棚遮阴过密,阳光不足,容易发生霉菌,引起烂筒。

3. 喷水过量　喷水应根据耳棚空气相对湿度,灵活掌握喷水量。有的盲目喷水,特别是用不洁净的水直接喷在菌袋上,带有杂菌的水不断侵入开洞口。

4. 雨水过多　春栽出耳时,正值连绵不断的梅雨季节,大多数菇农为了节省成本,不用薄膜防雨水,穴口等于长期浸水,培养料被浸变黑、发烂。

5. 病毒侵染　制作菌种时由于检种不严,使整个菌种带有病毒,当湿度管理不当,水分过多时,病毒迅速延续发展,培养料变松解体。

(二)综合避免措施

菌袋划口必须采取“V”形,深浅适宜,长短适中。

耳棚遮阴不宜过密,“七阴三阳、花花光照”为宜。畦内菌袋宜用薄膜遮盖防雨。

喷水应掌握“干干湿湿”。晴天多喷，阴天少喷，雨天不喷；刮风时多喷，无风日少喷；高温多喷，低温少喷；旱地耳场多喷，烂泥水田少喷；耳片大多喷，耳片小少喷；采收后1周内不喷的原则。并注意水质，禁用污水喷浇。

发现烂筒必须立即停止喷水，让菌筒适当干燥，并清除杂菌污染部位后，用0.5%石灰水揩擦晾4～5天。

第四章　林下栽培杏鲍菇新技术

一、杏鲍菇对生长条件的要求

(一)温　度

杏鲍菇菌丝生长的温度范围为15℃～35℃，最适温度为25℃～30℃，在6℃～16℃和32℃时，菌丝也能够生长，但生长速度明显减慢；在10℃以下和35℃以上时，菌丝生长停止。子实体原基形成的温度范围为10℃～20℃，最适温度为12℃～15℃。子实体生长发育的温度范围为10℃～22℃，但也有的菌株为5℃～25℃，子实体生长发育的最适温度为5℃～17℃。温度超过20℃时，子实体生长快、瘦长，菇体组织松软，品质差；在10℃以下时，子实体生长缓慢，颜色加深，呈灰黑色。总之，杏鲍菇子实体生长的温度范围较窄，并且对温度较敏感，错过原基形成适宜的温度，将不再出菇。

(二)水分与湿度

杏鲍菇菌丝生长的培养基含水量以60％～65％为适。含水量低于55％时将不出菇；含水量高于75％时，菌丝生长速度减慢，并且生长不整齐。子实体原基形成期间适宜的空气相对湿度为90％～95％，子实体生长发育阶段适宜的空气相对湿度为80％～90％。在采收前，将空气相对湿度控制在75％～80％，可降低子实体内水分，有利于保鲜和延长货架期寿命。

(三)空　气

杏鲍菇菌丝生长和子实体发育均较耐二氧化碳。在菌丝生长阶段,培养后期袋内或瓶内二氧化碳浓度增加,有利于菌丝生长速度加快。子实体原基需要在二氧化碳浓度低、氧气充足的环境条件下才能正常形成;否则,会在袋口或瓶口上长出大量的气生菌丝,原基在气生菌丝上形成,将会影响产量。子实体生长阶段,较耐二氧化碳,但以空气新鲜、二氧化碳浓度低为好,以免遇到高温高湿时,受到杂菌侵染。

(四)光　线

菌丝生长期间,光照强度在 700 勒[克斯]以内对菌丝生长的影响不明显;当光照强度超过 1 000 勒[克斯]时,就会使菌丝生长速度减慢。原基形成和子实体生长阶段,适宜的光照强度为 500～1 000 勒[克斯],即保持菇房内明亮。

(五)pH 值

菌丝生长的 pH 值范围为 3.5～8,最适宜生长的 pH 值为 5～6。在生产时,则要将 pH 值调到 7～8 为宜,其原因是在菌丝生长过程中会代谢出有机酸类物质,降低培养基的 pH 值。

二、林下栽培杏鲍菇的方式及场地处理

(一)林下杏鲍菇的栽培方式

林下栽培杏鲍菇有 3 种方式。一是林间搭棚架层摆放培养长菇;二是露地斜靠排袋长菇;三是菌袋脱膜覆土栽培长菇。

(二)林地选择

适于培养杏鲍菇的林地,要求场地通风、向阳、地势稍高、地面平坦;露地排袋或覆土育菇方式的,要求是肥力强且潮湿的沙壤土,架层培养的地面要求不严,郁闭度以70%左右为适。

(三)场地整理与配套设施

一般在林下植株间离树30～40厘米的空地,做成宽1～1.3米、长10米的畦床。畦床上搭排袋架,参照香菇露地排筒架和覆土栽培方式。架层栽培的地面要求平整,并铺放一层沙石,便于喷水时落地水分的吸收。棚架排袋栽培的,棚宽依林木行距空间4～5米,长以10米左右为适,高2.5米。竹木骨架,搭成4～5层,层距30厘米,用竹木作横杠用于排袋,四周和上方罩薄膜防雨即可。利用林阴自然条件遮阴。

三、林地栽培杏鲍菇季节安排

杏鲍菇栽培季节的安排,主要掌握好以下3点。

(一)掌握种性特征

顺应自然气候栽培,一般安排秋冬季和冬春季为适。具体把握好"两条杠杆":一是接种后40～50天内为发菌期,当地自然温度25℃左右,不超过28℃;二是接种日起,往后推40～50天进入出菇期,当地自然温度不低于8℃,不超过20℃。

(二)选准最佳接种期

最佳接种期是指当地秋季,哪一个月份的温度最适合杏鲍菇子实体分化发育(12℃～17℃)的时间为起点,然后倒计时40～50

天，即为最佳的菌袋接种时期。例如，当地秋季月平均温度15℃左右为10月下旬，倒计时45～50天计算，也就是8月上旬为最佳接种时期。此时处暑过后，一般在28℃以下，接种后经过40～50天菌袋培养，到10月上旬寒露季节进入长菇期，此时自然温度10℃以上、20℃以下，正适合子实体分化发育。

(三)划分区域产季

长江以南省(自治区)9月底接种菌袋，11月中旬长菇，低海拔冬暖区应推迟至11月上旬接种，翌年1～2月份长菇；海拔600米以上山区，可提前1个季节接种菌袋。华北地区，以河南省中部气候为准，秋季宜8月中下旬接种菌袋，10月初长菇，大棚内控温不低于10℃，冬季照常长菇。北方省、自治区也可以采取反季节栽培，2月份接种菌袋，4月份长菇。西南地区，以四川省中部气候为准，9月上旬接种菌袋，10月下旬长菇。

河南省商丘杨树林地畦栽培杏鲍菇是安排两茬，春季2月份接种菌袋，3～4月份出菇，秋季8～9月份制袋，10～11月份出菇。

四、林地栽培杏鲍菇适用菌株选择

(一)棒状圆柱形

此类菌株适温范围偏窄，长菇最适温度为10℃～17℃。菌柄雪白，棍棒状，上下均匀，中间和基部无膨大现象。柄直径2～3厘米，组织致密，脆嫩，口感好，适于鲜销，便于长途运输，是适合保鲜出口的品种。其代表品种有Pe-1，福建省三明真菌研究所选育；漳杏1号，福建省漳州九湖食用菌研究所选育；川杏1号，四川省农业科学院菌种中心选育。上述菌株从接种至出菇40～50天，出菇密集整齐，产量高。

(二)保龄球形

此类菌株菌柄白色,中间膨大,上下较小,长8~20厘米,形似保龄球。菌盖浅灰色至灰色,朵型较大,不易开伞,组织疏松,海绵质,脆度稍差,产品适合于鲜销或切片后脱水干制加工。其代表品种为雪茸8号,又名Pe-8,由日本引进。该品种菌丝粗壮洁白,抗病力强,菌丝生长适温为23℃~25℃,子实体生长最适温度为13℃~17℃,从接种至出菇45~50天,生物学效率一般在75%左右。

(三)鼓 槌 形

此类菌株形态与花瓶相似。其代表种为福建省三明真菌研究所选育的Pe-3、漳杏3号等。

(四)大 盖 形

此类菌株比较接近野生性状,出菇温度偏低,最适温度为10℃~18℃。其代表品种为香杏55,由台湾引进选育而成。该品种菌丝洁白粗壮,抗病力强,菌丝生长最适温度为20℃~25℃,子实体发生最适温度为13℃~17℃,从接种至出菇40~45天,现蕾早,出菇密而整齐,菇质结实,产量高,单菇重50~120克,杏仁香味浓,口感极佳。

目前,在生产上应用较广的品种还有黑绒1号,由台湾省引入后经选育而成。其菌丝生长适温为20℃~23℃,子实体发生适温为13℃~16℃,从接种至出菇40~55天,出菇整齐,菇质结实,不易开伞,口感好。菌盖灰白色,柄长而粗,菌柄绒毛黑色。

栽培者在菌株选择时,应根据当地市场和客商要求,对号入座。

五、杏鲍菇培养基的配制

(一)培养基配方

1. 木屑为主配方

配方1:杂木屑48%,棉籽壳22%,麦麸25%,玉米粉3%,白糖1%,碳酸钙1%。

配方2:杂木屑40%,棉籽壳40%,麦麸18%,碳酸钙1%,蔗糖1%。

配方3:杂木屑60%,棉籽壳20%,麦麸18%,石膏1%,碳酸钙1%。

2. 棉籽壳为主配方

配方1:棉籽壳85%,麦麸13%,糖1%,石膏1%。

配方2:棉籽壳78%,玉米粉10%,麦麸10%,石膏1%,石灰1%。

配方3:棉籽壳58%,杂木屑15%,麦麸25%,石灰1%,石膏1%。

3. 秸秆为主配方

配方1:豆秆粉30%,棉籽壳23%,杂木屑23%,麦麸18%,玉米粉4%,石膏1%,糖1%。

配方2:玉米芯60%,杂木屑20%,麦麸18%,石膏2%。

4. 蔗渣等为主配方

配方1:蔗渣35%,棉籽壳36%,麦麸23%,玉米粉5%,碳酸钙1%。

配方2:废棉团83%,麦麸15%,蔗糖1%,碳酸钙1%。

配方3:芒秆屑45%,杂木屑28%,麦麸20%,玉米粉5%,石膏1%,糖1%。

(二)培养料装袋

培养料装袋量,因基质不同差异较大。这里以杂木屑、棉籽壳等混合为原料,列举不同规格栽培袋一般松紧度的装料量,见表4-1。

表 4-1 杏鲍菇不同规格栽培袋的装料量

菌袋规格(宽×长)厘米	主要原料	干料容量(克)	湿料重量(克)	装后料高度(厘米)
15×38	木屑、棉籽壳	500~600	1060~1200	18~20
17×33	木屑、棉籽壳	400~450	860~930	15~16
17×35	蔗渣、杂木屑、棉籽壳	550~600	1180~1280	18~19
12×55	木屑、棉籽壳	550~600	1150~1260	40~43
13.5×55	棉籽壳、木屑	600~650	1260~1350	40~43
20×42	玉米芯、豆秆粉、棉籽壳	600~650	1280~1380	28~23

装料量的多少视栽培实际需要而定。例如,福建省漳州工厂化生产装袋后,料高度为18~19厘米。有的产区认为杏鲍菇只长1潮菇,装料不必过多,其高度为14~15厘米。因此,每袋装量多少,应根据实际需要而自行灵活掌握。

(三)料袋常压灭菌

杏鲍菇规模生产的料袋灭菌多采取常压高温灭菌方法,可将有害的微生物,包括细菌芽胞和霉菌厚垣孢子等全部杀灭,是一种彻底的灭菌方法。

六、林下栽培杏鲍菇接种及培养管理

选择地势稍高的林地,参照林下香菇配套设施搭建林下接种帐和林下养菌棚。

无菌接种是杏鲍菇获得高产的关键。待料袋温度降至28℃以下时，移入接种帐内接种。接种帐在使用前要彻底杀菌，其方法是用10%消毒液喷雾后，再用气雾消毒盒气化消毒30分钟。接种要严格遵守无菌操作规程。一般1瓶栽培种可接16袋左右，袋装栽培种每千克可接20袋左右（两头接种）。接种后的菌袋可按“#”形重叠摆放4～6层，低温季节可以摆放5～8层。发菌棚除保持黑暗、干燥外，温度应控制在23℃±2℃，创造适宜的温度条件，避免较大温差，并保持良好通风，空气新鲜，以确保菌丝健壮生长，抑制杂菌污染。

一般接种后3天为菌种的萌发和恢复期，此期应保持温度在25℃左右，促使菌种尽快萌发定植。接种后5天左右时菌丝开始吃料生长，10天左右时菌丝蔓延约3厘米，这是发菌管理的关键期。接种10天后袋内因菌丝呼吸量加大，袋温开始升高，要密切观察温度，注意通风换气，并及时挑杂、治杂。此过程要注意尽量少翻动菌袋。接种后15～20天当菌袋出现缺氧现象时，进行松口。接种后30天左右，菌丝就可布满整个培养袋，再经1周左右的后熟培养，就可进入出菇期管理。

七、林下栽培杏鲍菇菌袋出菇方式

杏鲍菇进入出菇阶段，其菌袋摆放方式常用以下4种。

（一）架层排放

长袋的顺着架床横向排放2袋，袋间距5～6厘米，每平方米架床排放20袋。短袋的单袋竖立排放，袋间距2～3厘米，也可采取卧袋排放2层，上下层呈“品”字形重叠，接种口一端向外，每平方米排放70～120袋。

(二)交叉重叠

菇房内平地起叠，每层 2 袋纵横交叉成“#”形，或 6 袋叠成“○”形，叠成 6～7 层的菌垛。垛与垛之间距离 20 厘米，形成 1 列，前后列之间留 60 厘米的作业道。每 30 米^2 菇房排放量2 600 袋左右，排叠时作业道要朝向窗口，有利于通风。叠袋时上下袋排叠平行，使堆垛稳定不倒塌。

(三)露地斜排

畦床上搭建排袋架，架高 30 厘米，前后行距离 20 厘米，把菌袋斜靠在畦床排袋架的横枕上，菌袋一端栽地，另一端朝天。袋与袋之间留 5～6 厘米的空隙，每行斜排菌袋 10～11 个，也可采用“人”字形排袋。畦床上用竹片架成拱状罩膜棚防雨，上面用 95% 遮阳网盖好，控制光线。

(四)卧排覆土

河南省商丘黄海洋等(2011)成功研究出一种杨树林下覆土栽培杏鲍菇的新技术。其做法是：将生理成熟的菌袋一头割去 2/3，整齐立摆于整好的地畦中，或脱袋后平放在畦床中，袋与袋之间应留有 2 厘米左右的空隙。袋间空隙用消过毒的营养土或营养沙土填实，再覆厚约 2 厘米的土，以盖住原基为准。覆土材料要疏松，具有良好的透气保水性。覆土后及时喷水增湿，1～2 天把覆土湿度调至以手握土粒不碎不黏手为宜。调水后在畦上搭建小拱棚，并盖上草苫，小拱棚内空气相对湿度保持在 80%～90%。不搭小拱棚的可在畦面上盖一层消毒过的麦秸，以保持土壤湿度，一般 10～20 天后形成原基，分化成子实体长出覆土层。

八、菌袋诱发原基措施

排袋复壮后及时进行开口搔菌，增氧、增湿，诱发原基形成，具体技术如下。

(一)开口时期

菌袋开口时间视当地气候条件而定，一般催蕾的温度要控制在 12℃～15℃为适。因此，开口应掌握温度稳定在 10℃～15℃时进行最为理想。

(二)搔菌诱基

杏鲍菇原基具有在新生菌丝体上形成的特性，因此诱发原基形成和有利定向出菇，应采取搔菌措施。长袋的将原接种穴上的菌种块挖掉；短袋的可用接种钩伸入袋内，钩出袋口表层原菌种块，使袋内菌质平整。搔菌作业要及时准确，一般菌丝长满袋后 7～10 天开始搔菌为好。

(三)营造环境

搔菌后将菌袋倒置，穴口向下，让伤口上的菌丝恢复生长，3～4 天后原基形成手指大小时，将菌袋翻转排放，每天上午 10 时前、下午 2 时后在菌袋四周喷雾化水，空气相对湿度保持在 85%～90%。注意通风，更新空气，每天 2～3 次，每次 30 分钟。菇房内光照强度 50～200 勒[克斯]。搔菌后棚内温度控制在 10℃～15℃，原基很快形成菇蕾。催蕾期温度不低于 10℃，不超过 17℃。若超过 20℃，原基停止。在适宜的环境条件下，一般经过 1 周左右袋口和袋底部位就会出现扭结的原基。

九、杏鲍菇幼菇管理关键技术

从原基分化成菇蕾一般需3～4天,也就是进入幼菇期生长阶段。管理上主要掌握好以下4点。

(一)敞口护蕾

开袋搔菌出现原基后,可采取二次开袋敞口法。扎口的袋,开口搔菌后,将袋膜拉直再扭拧;套环棉塞口的袋,去掉棉塞后,袋口覆盖无纺布。使菌料表层与袋口之间,留一个既与外界有一定通透性,又能起到缓冲作用的空间。

(二)疏蕾控株

当菇蕾长至筷子大小时,选择形态端正、长势良好、间距适当的菇蕾作为商品菇对象,把其他小蕾的菌盖去掉。短袋开口的留2～3朵,长袋开口的每个接种穴留1～2朵。

(三)控制适温

幼菇生长发育温度宜控制在13℃～16℃,不超过18℃为好。当温度低于10℃时,应加厚保温材料;中午温度高时开南窗通风,以提高棚内温度;也可以采取调节棚顶覆盖物,隔一掀一,引进阳光提高温度。早春温度超过20℃时,注意降温,否则原基分化停止;超过23℃,已形成的幼蕾则会萎缩死亡。

(四)增湿引光

幼菇生长期每天早晚在棚内各喷雾化水1次,空气相对湿度保持在85%～90%,喷水结合通风,菇棚保持散射光500～800勒[克斯]。

子实体生长阶段新陈代谢旺盛，需要氧气量较多。空气中的氧气为 20.9%、二氧化碳为 0.03%、氮气为 78.1%、氩气为 0.9%，剩下的是惰性气体和比率不断变化的水蒸气。杏鲍菇耐二氧化碳能力较强，但长菇期菇房内空气中二氧化碳含量超过 0.1%时，也会出现菌盖发育不正常，易形成畸形菇。通风要求达到以下 2 个方面。

第一，保持空气新鲜，使菇房内的空气状态接近外界，同时开动房内排气扇，使有害气体排出房外。秋末长菇期温度高时，采取早晚或夜间通风，每个通风口上挂 1 层麻布，喷水保湿。冬季和早春气温低时，宜在中午通风，使菇房内保持空气新鲜。通风时注意避免温差大、寒风或干热风直吹菇体，以免造成温度波动，影响子实体正常生长。

第二，通风保温两兼顾。冬季温度低，通风后外界冷空气进入，降低了房内温湿度，而长菇期房内温度要求不低于 10℃，调节的方法：在低温季节通风要在中午进行，早晚温度低不宜通风。同时通风还得与保温协调好，防止顾此失彼。日光温室菇房南侧塑料膜要经常掀起，后墙要有通风窗口。塑料大棚菇房在菌墙之间的走道，两端通风口要打开，沟槽保留浅度蓄水，用水蒸气保持潮湿。

十、林下栽培杏鲍菇畸形表现与避免措施

畸形菇商品价值低，给栽培者带来经济损失，因此成为杏鲍菇生产管理中的一个焦点难题。天津大学和保定微生物研究所冀宏等(2006)做了专题研究，揭开了杏鲍菇畸形的原因，并提出避免措施。

(一)袋壁长菇

子实体从中部袋壁形成，长成扁平状。多因装袋过松，菌丝成

熟后诱导出菇不及时，摆袋时菌袋振动过大。

避免措施：制袋装料时不宜过松，防止料与袋壁之间形成空腔；菌丝成熟后要及时开口增湿，并给予散射光照诱导出菇；搬运过程中要轻拿轻放，防止菌袋受到较大振动；在袋中形成原基后，及时除掉或割膜诱引出菇。

(二)菌柄中空

原因多是长菇期温度超过 18℃持续 2 天，长速加快，细胞内养分、水分供应跟不上；或袋内基质含水量低于 40％，空气相对湿度超过 80％，造成菇体生长较快，袋内缺水，养分输送不上；或菇体生长过密，通风不良。

避免措施：培养基配制时，含水量不低于 60％；长菇期空气相对湿度不低于 80％；适时开袋，防止菌丝徒长，无谓消耗养分；疏蕾控株密度一般长袋每袋 4～5 朵，短袋 2～3 朵。

(三)菇盖疙瘩

一般发生在冬季，菌盖边缘或整个菌盖长满疙瘩。原因多是培养室生火增温，导致有害气体聚集；对剧烈温差变化较为敏感，冷、热空气刺激(风口冷风)引起菌盖内外细胞生长失调。

避免措施：棚内生火加温时，要用密封严密的拔风筒或火墙把烟和有害气体排出菇房外；冬天通风换气时，要选择中午气温较高时进行，防止棚内温差过大。

(四)蜡 烛 菇

个体小，细长无盖，菌柄商品率低。多因培养料配比不合理，营养成分不够，生长没有后劲；出菇过密，没进行疏蕾，营养分散；幼菇生长期通风不良，菌盖不分化。

避免措施：科学配制培养基，碳氮比合理；做好疏蕾管理，对于两头出菇的菌袋,每头最多只能保留 2～3 个菇蕾;正常气温条件下,保持通风增氧。

(五)菇体萎烂

幼菇生长停止,萎缩,变黄变软,腐烂;菌柄基部变海绵状,有许多孔道,可见白色幼虫。多因菌蚊幼虫取食菌丝体和子实体基部组织,养分和水分供应中断,子实体死亡后感染细菌变黄腐烂。

避免措施:培养室和菇房在使用前,杀灭害虫;发菌期间不留害虫进入的通道;出菇期间,出现害虫要及时诱杀,去掉死菇,防止菇体腐烂。

十一、林下栽培防止菇蕾萎死措施

菇蕾萎死病,多是细菌或害虫侵袭,造成菇蕾变黑,有霉臭味。这里介绍的是非侵袭病害的萎死。

(一)症状表现

菇蕾长至小指头大小时,出现萎缩,手按菌盖有柔软感,掰开菇体,肉色黄褐,停止生长,并逐渐枯干。

(二)发病原因

常因寒冬加温、保温失误,棚内有害气体和干燥热源进入袋内,菌丝严重挫伤,致使菇蕾萎死。

(三)防止措施

冬季长菇期自然气温低于长菇适温时,可在棚内增温,避免菇蕾死亡。下面介绍塑料大棚科学增温的具体措施。

第一,采取新型农用多功能棚膜,由多种不同薄膜复合而成

（内层为无滴保温膜，中层长寿膜，外层软质防尘膜），冬季棚内可增温 2℃～5℃。

第二，在大棚四周开挖深 50 厘米、宽 30 厘米的防寒沟，内填稻草、锯木屑等，上面泥土覆盖略高于地面。防寒沟能减少土壤热量的水平传导，保持大棚地温，特别是边缘地温。

第三，在大棚四周覆盖草苫等物料，起到保温的作用。

第四，严冬时，大棚内再扣小拱棚，可使温度提高 3℃～5℃。加温保湿时，采取中午通风换气，并喷雾保湿，使温、湿、气、光协调。

第五章　林下栽培竹荪新技术

一、竹荪对生长条件的要求

(一)温　度

温度是竹荪生长发育的主要条件。尤其是子实体生长和开伞散裙时,如果温度不适,就不能形成,这主要是受体内酶的影响。棘托竹荪菌丝生长温度范围为 13℃～38℃,但适温是 23℃～32℃,子实体在 25℃～32℃温度范围内,能形成和分化散裙。如果高于 35℃,畦床水分大量蒸发,湿度下降,菌裙黏结不易下垂或托膜增厚,破口抽柄困难。

(二)水　分

竹荪生长发育所需的水分,绝大部分是从培养基质来的。营养生长阶段的基质含水量以 60%～65%为宜,低于 30%菌丝脱水而死亡,高于 75%培养基通透性差,菌丝会因缺氧窒息死亡。进入子实体发育期,培养基含水量要提高至 70%,以利于养分的吸收和运转。但长菇期含水量过高,也会造成菌丝淤水而霉烂,影响生殖生长。

空气相对湿度以维持在 65%～75%为宜。进入生殖生长阶段,在菌蕾处于球形期和卵形期后,为了促使其分化,空气相对湿度要提高至 80%;菌蕾成熟至破口期,空气相对湿度要提高至 85%;破口至菌柄伸长期,空气相对湿度控制在 90%左右;菌裙张开期,空气相对湿度应达到 95%以上。表土层含水量 28%左右。

人工栽培覆土时，先要调节好覆土土粒的含水量，通常以手捏土粒扁而不碎、不黏手为宜。在栽培过程中，以保持土壤处于潮湿状态为宜，含水量过高或过低都不利于竹荪的生长发育。

(三)空　气

竹荪属好气性真菌，无论是在菌丝体生存的培养基质和土壤中，还是在菌蕾和子实体生存的空间，氧气都必须充足。在竹林内栽培竹荪，竹荪与高等植物间进行气体交换，氧的供应是充足的，但要注意培养基质和土壤的通气，这就需要科学地进行水分管理，切勿使基质和土壤长时间处于淹水状态。

(四)光　照

竹荪在营养生长阶段不需要光照，菌丝见光后生长受抑制，很快变成紫红色，且容易衰老。在生殖生长阶段，子实体原基的形成一般也不需要光照。菌蕾出土后则要求一定的散射光，微弱的散射光不会影响菌蕾破口和子实体的伸长、散裙。但强烈的光照，不仅难以保持较高的环境湿度，而且还有碍于子实体的正常生长发育。强光和空气干燥时，容易使菌球萎蔫，表皮出现裂斑，不开裙或变成畸形菇体。人工栽培竹荪场所的光照强度，以控制在15～200勒[克斯]为宜。

(五)pH值

自然界中竹荪生长在林下腐殖层和微酸性的土壤中。腐竹叶的pH值为5.6，经竹荪菌丝体分解后pH值下降至4.6，由此可知竹荪是在偏酸性的环境条件下生长发育。较适宜的pH值为4.5～6，其中菌丝生长的pH值以5.5～6为宜，子实体发育的pH值以4.6～5为宜。

(六)土　壤

土壤不仅可以为竹荪菌丝提供一定的营养料、水分和热量等，还可以提供适宜的 pH 值。但是对竹荪菌丝体来说，土壤仅仅是一种提供所需条件的介质，如没有土壤这种介质，只要能满足上述这些必需条件，菌丝仍然可以正常生长；但由营养生长转入生殖生长阶段时，就离不开土壤。覆土的作用除了支撑子实体外，可能还与竹荪原基分化时，必须有土壤的物理作用所产生的机械刺激有关，其机制尚待进一步研究。

二、林下栽培竹荪适用品种与栽培方式

(一)适用品种

目前，引入人工栽培形成商品化生产的竹荪品种，有长裙竹荪、短裙竹荪、红托竹荪、棘托长裙竹荪 4 种。

林下栽培宜选用棘托长裙竹荪。该品种菌丝呈白色索状，在基质表面呈放射性匍匐增殖。菌蕾呈球状或卵状。菌托白色或浅灰色，表面有散生的白色棘毛，柔软，上端呈锥刺状。随着菌蕾成熟或受光度增大，棘毛短少，至萎缩退化成褐斑。菌蕾多为丛生，少数单生，一般单个重 20 克，子实体高 20～30 厘米、宽 30～40 厘米，肉薄，菌盖薄而脆，裙长落地，色白，有奇香。菌丝生长适宜的温度 5℃～35℃，25℃～30℃最适；子实体生长适宜的温度为 23℃～35℃，25℃～32℃最适，属于高温型，抗性强，适应性好。

(二)栽培方式

林下栽培竹荪方式主要采用生料或发酵料，在林间整畦，畦床上铺料播种，覆土长菇，也可以利用旧竹蔸挖穴，放料，播种覆土出

菇，带有仿生态栽培形式。

三、竹荪栽培原料处理

（一）原料类型

竹荪栽培的原材料有4大类，即竹类、农作物秸秆类、野草类和树木类。在选料时，要因地制宜，就地取材，任选一种或多种综合均可。

1. 竹类 用于栽培竹荪的竹类，无论是大小、新旧、生死竹子的根、茎、枝叶，还是竹器加工厂的下脚料，竹屑、竹白、竹绒等均可利用。竹类品种繁多，常见的有毛竹、麻竹、墨竹、斑竹、水竹、龙竹、石竹、发竹、锦竹、罗汉竹、秀竹、月月竹、楠竹、平竹、兹竹、孟宗竹 淡竹、绿竹、刚竹、黄竹、金竹、笔竹、凤尾竹、弓竹、蒌竹、竿竹、紫竹等。其资源广泛，只要合理采伐，科学管理，取之不尽，用之不竭。

2. 秸秆类 除稻草、麦秆外，其他农作物秸秆均可作为栽培竹荪的原料(因稻草、麦秆纤维较弱易烂)常用的有棉花秆、棉籽壳、玉米秆、玉米芯、木薯秆、大豆秆、高粱秆、葵花秆、葵花籽壳、黄麻秆、花生茎、花生壳、地瓜蔓、油菜秸秆以及甘蔗渣等。充分利用秸秆，变废为宝，大有作为，值得提倡。为便于栽培者选用，这里介绍几种主要秸秆营养成分分析(表5-1)。

表 5-1　适于栽培竹荪的农作物秸秆营养成分分析　（%）

名　称	粗蛋白质	粗脂肪	粗纤维	可溶性碳水化合物	粗灰分	钙	磷
大豆秆	13.5	2.4	28.7	34	7.6	1.4	0.36
玉米秆	3.4	0.8	33.4	42.7	8.4	0.39	微量
玉米芯	1.1	0.6	31.8	51.8	1.3	0.4	0.25
棉籽壳	17.6	8.8	26	29.6	6.1	0.53	0.53
棉花秆	4.9	0.7	41.4	33.6	3.8	0.07	0.01
高粱秆	3.2	0.5	33	48.1	4.6	—	—
甘蔗渣	2.54	11.6	48.1	48.7	0.72	—	—
葵花籽壳	5.29	2.96	49.8	9.14	1.9	1.17	0.07
花生壳	7.7	5.9	59.9	10.4	6.0	—	—

3. 野草类　常见的有类芦、芒萁、芦苇、斑茅、五节芒等 10 多种。其中，芦苇纤维细长，营养丰富，栽培竹荪现蕾快，当年产量高，是取之不尽的好原料。野草营养成分十分丰富，这里选择几种野草进行分析（表 5-2）。

表 5-2　几种野草营养成分分析　（%）

品　名	粗蛋白质	粗脂肪	粗纤维	粗灰分	氮	磷	钾	钙	镁
芒　萁	3.75	2.01	72.1	9.62	0.60	0.09	0.37	0.22	0.08
类　芦	4.16	1.72	58.8	9.34	0.67	0.14	0.96	0.26	0.09
斑　茅	2.75	0.99	62.5	9.56	0.44	0.12	0.76	0.17	0.09
芦　苇	3.19	0.94	72.5	9.53	0.51	0.08	0.85	0.14	0.06
五节芒	3.56	1.44	55.1	9.42	0.57	0.08	0.90	0.30	0.10
菅	3.85	1.33	51.1	9.43	0.61	0.05	0.72	0.18	0.08

4. 树木类　总的来说，适合栽培竹荪的树种，一般以材质坚

实、边材发达的阔叶树以及果树枝丫、桑枝等为好。含有杀菌和松脂酸、精油、醇、醚以及芳香性物质的树种，如松、杉、柏、樟、洋槐、夜恒树等不适用。

(二)原料处理

1. 晒干　用作栽培竹荪的原料，不论是竹类、木类、野草类或秸秆类，都要晒干。因为新鲜的竹类、木类本身含有生物碱，经过晒干，使材质内活组织破坏、死亡，同时生物碱也得到挥发消退。一些栽培者由于晒干这个环节没有做好，把砍下来的竹木，切片后就用于栽培，结果菌丝无法定植，主要是因为生物碱阻碍了菌丝的生长。

2. 切破　把原料切断、破裂，主要是破坏其整体，使植物活组织易死。经切破的原料，容易被竹荪菌丝分解吸收其养分。采用菇木切削机或劈成小薄片，竹类或枝丫切成5～6厘米长的小段。竹类可采用整根平铺于公路上，让拖拉机或汽车来回碾压，使其破裂，就不必再切断。

3. 浸泡　原料浸泡通常采用碱化法和药浸法处理。可利用池塘等蓄水的地方作浸泡池。处理方法有以下3种，任选一种均可。

(1)*碱化法*　把整个竹类放入池中，木片或其他碎料可用麻袋或编织袋装好，放入池内。再按每100千克干料，加入3%石灰。以水淹没料为宜，浸泡24～48小时，起到消毒、杀菌作用。滤后用清水反复冲洗，直至pH值降至7以下，捞起沥至含水量60%～70%，即可用于生产。

(2)*泡浸法*　将原料浸入1‰的多菌灵(50%标号)或0.5%甲基硫菌灵溶液中，浸泡3～4天，直至没有白心为止。多菌灵不能与石灰同用，以免反应失效。

(3)*堆闷法*　采用蔗渣、棉籽壳、玉米壳等秸秆类栽培的，可采用上述比例的石灰水泼进料中，堆闷 8～12 小时后，即可使用。

四、林下栽培竹荪季节安排

竹荪栽培一般分春、秋两季。我国南北气温不同，具体安排生产时，必须以竹荪菌丝生长和子实体发育所要求的温度为依据。通常温度稳定在 8℃～30℃，均可接种栽培，应具体掌握 2 点：一是播种期温度不超过 28℃，播种后适于菌丝生长发育；二是播种后 2 个月菌蕾发育期，温度不低于 16℃，使菌蕾健康生长成子实体。

南方诸省通常春播从惊蛰开始，3～4 月份均可，当年夏秋季长菇收成；立秋之后 9～11 月份播种，翌年夏季长菇收成。室内栽培可以人为调节温度，因此冬播可以在 11～12 月份播种，保温发菌 3～4 个月后，至翌年春季 4 月份气温适宜子实体生长。春播 2～4 月份，此时气温适宜菌丝生长，一般在 5 月份可现蕾长成子实体。

春播、秋播各有特点。春播见效快，棘托竹荪接种后 60 天采收。但在农村来说，春季正处于农忙，与农作物播种挤在一起，难免会出现顾此失彼的现象；而且春季杂菌繁殖与活动力强，在取用菌种过程中，遇高温和污染菌的机会多。秋播处于农闲，粮、菌劳力投放不矛盾；且气温转低，杂菌污染机会少；野外栽培，整地、做畦、播种、堆料，操作方便；同时，菌丝萌发生长期长，更好地分解基料养分，秋季菌丝增殖 1 次，越冬时休眠，翌年春暖菌丝再次增殖。经过 2 次增殖，菌丝较为旺盛粗壮，一到初夏温度适宜，菌蕾涌现量多，蕾体肥大。栽培季节的安排，可因地适时，灵活掌握。

竹荪栽培的最佳季节，受温度影响较大，而各地海拔的高低又与温度密切相关，所以对菌种也有严格的选择。一般而言，短裙红托竹荪 3～4 月份和 9～10 月份播种为宜，长裙竹荪 4～5 月份和

9～10 月份播种为好，棘托竹荪在 3～4 月份为适，南方低海拔地区可提前至 2 月份播种，4～10 月份长菇，北方高寒地区 4 月份解冻后，5 月份播种，7～9 月份出菇。这样才可以在当年取得经济效益。从事竹荪栽培的单位和个人，最好能有一份本地近年来的气象资料，选择各个菌株菌丝生长最适温度的前 1 个月播种，使菌丝吃料后正好能赶上最适温度的月份，然后提前 2 个月准备好栽培的原材料和菌种。

五、林地畦床整理与消毒

野生竹荪多生长在潮湿、凉爽、土壤肥沃的竹林或阔叶林地上。人工栽培时，就要模仿它的生活习性来选择场地，人为创造适宜的环境条件，来满足其生长的需要。

(一)林地选择

林地应选择山坡脚下或半山斜坡，坡向朝外，坡度以小于 25°为适。林木种植密度适中，一般每 667 米^2 植 130～180 株。杉木树龄以 8～12 年为适。毛竹林以间伐 2 年后的竹林下，郁闭度 60%阔叶树林地；腐殖层厚，土壤肥沃，保湿性好，呈弱酸性沙质轻壤土，pH 值为 6～6.5；林地靠近水源，排水良好；无白蚂蚁窝及虫害的场地最为理想。

(二)整理畦床

选好林地后，先剔去山地上的石头，铲除杂草，整平，开好排水沟，整理好畦床。床宽 1～1.3 米，长度视场地而定，一般以 10～15 米为好。床与床之间设人行通道，宽 40 厘米。畦床高度要距畦沟底 25～30 厘米，畦面要整成“龟背”形，即中间高、四周低；畦沟人行道要两头倾斜，防止积水。

(三)消毒杀虫

畦床内外用0.5%敌敌畏或波尔多液等农药喷洒，或在四周撒石灰粉消毒杀虫。也可按每平方米用0.2千克的茶籽饼浸水喷洒，杀死蚯蚓和蜗牛；林地、旱地栽培要注意防止白蚂蚁，可在蚁窝、蚁路上喷施灭蚂蚁农药。

六、畦床铺料、播种及覆土

目前，竹荪大面积栽培的铺料播种方法，分为3层料夹2层菌种或2层料夹1层菌种，2种方法均可。

(一)铺　料

培养料含水量掌握在65%～70%，通常为竹料从水中捞起稍凉即可使用，木片等碎料从水中捞起，让水从袋边流至成串为适。铺料时从地面畦床起，采用竹木混合料“三料二菌种”铺料播种法的，其铺料厚度为第一层5厘米、第二层10厘米、第三层5厘米；若采用“二料一菌种”的，底层料占2/3，上层料占1/3，每平方米用料20～25千克，整个培养料厚度为20厘米。

(二)播　种

采取“三料二菌种”的，每铺一层料后，把料踏实；在料面播1层菌种。菌种点播与撒播均可。其中，第二层培养料、菌种量要比第一层增加1倍；铺料后再踏实，使料与菌种吻合，有利于菌丝萌发。采取“二料一菌种”的，其菌种播在料上后，再铺1层料即可。菌种量为每平方米4～5瓶。注意：菌种要分成块状，有利于菌丝萌发，料与种的比例为5∶1。播种与铺料2道工序要密切配合，做到一边铺料、一边播种，防止因铺料时间过长，培养料被晒干或风干，造成播种后菌丝难以萌发。如果第一层播种后没及时铺放第二层料，就会使料与种脱节，势必造成菌种干燥，菌丝萌发定植也困难。因此，必须两环紧扣。如果铺料后来不及播种，可用薄膜把料罩紧保湿，以免水分蒸发。铺料后进行覆土，并在覆土表面撒1层竹叶保湿。

（三）覆　土

铺料播种后，在畦床表面覆盖一层3厘米厚的腐殖土，腐殖土的含水量以18%为宜。竹荪覆土机制跟蘑菇一样，是在土层中形成菌蕾，覆土不但起着改变培养基水分和通气条件的作用，而且土层中各种微生物的活动，也有利于子实体的生长。但土质好坏与竹荪菌丝生长、菌索形成、出蕾快慢、产量高低，均有直接关系。

实践表明，腐殖土出菇最快，产量最高，菜园土次之，塘泥土较差，黄壤土最差。因此覆土的土质要求既要肥沃，又要疏松透气，保水性能好。以竹木和栎林中的表层腐殖土为最好，剔除土中的石块、粗粒及树根。按每立方米体积用甲醛溶液75毫升，均匀地喷洒在腐殖土内，盖上地膜闷2～3天，然后揭去薄膜将土扒散，使药味散失，1个星期后即可使用。一般菜地和稻田表土均可作覆盖土，覆土也可掺入部分带土的稻根或草皮烧成的土肥，更有利于菌索的伸展粗壮。覆土不宜过厚，太厚会造成出菇慢；如果覆土太薄，菌索根基不牢，子实体易于倾斜。

七、发菌培养措施

竹荪林下栽培覆土10天后，可用玉米秆、芒萁、芦苇、茅草等铺盖畦床上，以防雨水冲刷表土，也起到遮阴作用。因受自然气候影响，温湿度随着季节而变化。因此，管理工作很重要，应具体抓好以下4项关键技术。

(一)通风换气

播种后保持每天上午将畦床上防雨膜揭开通风 1 次,时间为 1 小时。春播后气温转高,一般晴暖天气罩膜可揭开,使畦床内空气新鲜。防止通风不良,罩膜内二氧化碳浓度过高,易引起菌丝萎枯变黄、衰竭,影响正常生长。秋播常因气温逐渐降低,而缩短通风时间。越冬期宜选择晴天中午揭膜通风,减少通风量。

(二)保持湿度

菌丝发育期由于培养基内固有的含水量足够菌丝生长所需,所以一般不必喷水。畦床薄膜内相对湿度保持在 85%,以盖膜内呈现雾状,并挂满水珠为适。若气候干燥或温度偏高,表面覆盖物干燥或覆土发白,则应及时喷水,以免因培养基干燥而影响菌丝萌发生长。前期喷水宜少不宜多。若过湿,易导致菌丝霉烂。

(三)控温发菌

竹荪不同的品种温型不同,发菌期温度要求也不同。中低温型的长裙和短裙及红托竹荪,要求 23℃～25℃较为适;高温型棘托竹荪,要求 25℃～30℃最适。秋末播种气温低,可采取罩紧盖膜,并缩短通风时间,同时拉薄荫棚覆盖物,引光增温,促进菌丝加快发育;若初夏播种气温高,注意早晚揭膜通风,并加厚荫棚覆盖物,防止因温度过高基质内水分蒸发,影响菌丝正常生长。

(四)检查定植

播种 10 天左右,可抽样检查菌丝是否萌发定植。正常时菌种块呈白色绒毛状,菌丝已萌发 0.6～1 厘米。如果菌种块白色菌丝不明显,且变黑,闻有臭味,说明菌种已霉烂,不能萌发,就要及时补播菌种。菌丝生长阶段,一般不要轻易翻动基料和覆土及覆盖物，以免扯断菌丝，毁坏菌索与原基，而影响竹荪生产。

八、菌丝生长阶段常见疑难症的排除

林下生料栽培竹荪，常出现播种后成活率低的情况，直接影响菇农种植效益，成为竹荪栽培中的一个难题。这里综合福建省武夷山市五夫农技站吕朝玉等多年的探索，找出原因，并提出促使提高成活率的有效措施。

（一）接种菌块过小

竹荪菌丝体白色、线状、粗壮、菌丝有横膈、呈管状，有锁状联合，接种损伤后会变红。如果在接种时，种块过小或弄碎了，线状菌丝破坏严重，造成接下去的菌种难以成活。

竹荪林地栽培接种时，接种块尽量成块完整，一般每块 2 厘米×2 厘米，并加大接种量，一般每平方米采用种 2～3 袋为适，促使加快萌发定植。

（二）原料处理欠妥

常因原料没晒干就用于栽培。竹屑、木屑本身含有生物碱，会阻碍菌丝生长，造成菌丝无法定植，影响接种的成活率。

用作栽培竹荪的原料，不论是竹屑、木屑、谷壳、野草或农作物秸秆，都应晒干，经过晒干使原料内活组织细胞破坏、死亡，生物碱挥发散失。原料采取发酵培养放线菌来抑制杂菌，消灭害虫；通过翻堆排出废气、氨气及有害气体，并增加培养料中活性有益气体，从而防止杂菌繁殖，避免培养料霉变，减少污染。

（三）基料含水量偏低

常因培养料含水量偏低，播种时料层又没压实，料与菌种脱离，影响菌种萌发、定植。因此，堆料时培养料含水量要达到65%左右。

（四）发菌温度超标

竹荪接种时的温度，要根据季节的变化进行控制。常因播种季节延误，进入高温期，或是播种后温度突升，超过菌丝生长极限温度，致使发生烧菌，菌种失去活力不萌发。因此，播种宜于早春2～3月份进行。播种覆土后床面铺茅草或草苫遮阴，气温超过35℃时，上面加盖遮阳网，畦沟内浅度灌水，以降低地温。

九、竹荪抽柄散裙管理要点

竹荪菌蕾膨大逐渐出现顶端凸起，之后在短时间内破口，尽快抽柄散裙。通常菌蕾从早上8时开始破口，迅速进入抽柄散裙，至中午12时采收结束。此阶段水分要求较高，每天早晚各喷水1次，喷水量要求不低于95%。此阶段若水分不足，抽柄缓慢，时间拖延，而且菌裙悬于柄边，久久难垂，甚至粘连。应采取加大喷水量，喷水后罩紧薄膜，经1小时后即可散裙。抽柄散裙期应具体掌握好以下4点。

（一）科学喷水

要求“四看”，即一看覆盖物，竹叶或秆草变干时，就要喷水；二看覆土，覆土发白，要多喷、勤喷；三看菌蕾，菌蕾小，轻喷、雾喷，菌蕾大多喷、重喷；四看天气，晴天、干燥天蒸发量大，多喷；阴雨天不喷。这样才确保长好蕾，出好菇，朵形美。

（二）创造最佳温度

竹荪品种不同，出菇中心温度也有区别，应根据种性要求，创造最佳温度。

红托竹荪、长裙竹荪、短裙竹荪均属中温型品种，出菇中心温度为20℃～25℃，最高不超过30℃。其自然温度出菇期只能在春季至夏初或秋季。春季气温低，初夏常有寒流，可采取3条措施提高温度：一是紧罩地膜，增加地温；二是拉稀荫棚覆盖物，引光增温；三是缩短通风时间，减少通风量。

棘托长裙竹荪属于高温型，出菇中心温度以25℃～32℃最佳，出菇甚猛且急，菇潮集中。春季播种覆土后，畦床上方插芒萁或盖茅草，露天培养，在适宜的气候条件下，从菌蕾形成至子实体成熟只需20多天。其自然出菇期均在6～9月份高温季节，如果温度高于35℃时，畦床内水分大量蒸发，湿度下降，菌裙黏结不易下垂，或托膜增厚破口抽柄困难，必须采取以下措施：荫棚上遮盖物加厚，或用90％密度的遮阳网遮阴，创造"一阳九阴"的条件；用井水或泉水早晚各喷水1次；畦沟浅度灌水，以降低地温。

（三）合理通风换气

从竹荪菌蕾发生至子实体形成，需要充足的氧气，若二氧化碳浓度高，子实体会变成鹿角状畸形。为此，出菇期应加强通风。红托短裙竹荪，畦床采用罩膜的应采取以下措施：每天上午通风30分钟，气温高，早晚揭膜各通风1次；中午气温极高，盖膜两头打开透气，午夜四周揭膜通风；荫棚南北向草苫打开通风窗对流，使场内空气新鲜。

不少栽培场出现畦床长蕾少，畦旁两边长蕾多。主要原因是畦床覆土厚，而且土质透气性不好，或由于喷水过急覆土表层板结，这些都会导致畦中基料缺氧，菌丝分解养分能力弱，菌索难以形成原基，所以现蕾稀而少，甚至不见蕾。发现这些现象时可在畦中等距离打洞，使氧气透进基料；同时打洞也有利于喷水时水分渗透吸收，使菌丝更好生长发育，菌蕾均匀生发。

(四)适当调节光源

从菌蕾至子实体成熟,生长阶段不同,自然气温也有变化,必须因地因时调节光照。幼蕾期或春季气温低时,荫棚上遮盖物应稀,形成“四阳六阴”,让阳光散射进场内,增加温度。菌蕾生长期或温度略高、日照短的山区,荫棚应调节为“三阳七阴”;日照长的平原地区为“二阳八阴”。子实体形成期阴多阳少,适于散裙,也减少水分蒸发,避免基料干涸。

十、林地竹蔸返生栽培竹荪

选择砍伐 2 年生以上的毛竹蔸,在其旁边上坡方向,挖 1 个穴位,宽 5～6 厘米、深 20～25 厘米,穴位填入腐竹叶,厚 5 厘米。播 1 层竹荪菌种后,再填 1 层 10 厘米厚的腐竹叶,再播种 1 层菌种,照此填播 2～3 层。最后用腐竹叶和挖出来的土壤覆盖 2～3 厘米厚,轻轻踩实。若土壤干燥,要浇水增湿,上盖杂草、枝叶遮阴挡风,保湿保温。菌种下播时,注意下层少播,上层多播,使菌丝恢复后更好地利用林中的死竹鞭。也可以采取在竹林里从高向低,每隔 25～30 厘米挖 1 条小沟,深 7～10 厘米,沟底垫上少许腐竹或竹鞭,撒上菌种,然后覆土。一般每 667 米^2 的毛竹林有旧竹 180～200 株,占竹林面积 10%,有碍新鞭生长,挖蔸花工费钱,留作又难腐烂。竹林就地利用栽培竹荪,可以进行竹蔸分解,两全俱美。

林地栽培竹荪,完全靠自然环境条件。春季 3～4 月份播种为宜,此时春回大地,温度、湿度均适宜竹荪生长。秋播因气温逐渐下降,菌丝越冬受到影响,较为不利。林地栽培竹荪,水分管理极为重要。竹荪不耐旱,也不耐渍,竹叶、竹屑含水量高于 75%,菌丝将窒息死亡。因此,穴位四周排水沟要疏通。干旱时要浇水保湿,以不低于60%为宜。冬季每隔15～20天浇水1次,夏季3～5天1次。浇水不宜过急,防止冲散表面盖叶层。土壤含水量要经常保持在20%。检验方法:抓一把土壤,捏之能成团,放之会松散,其水分含量恰好。严防人、畜、兽踩踏翻动。发现覆土被水冲变薄、料露面时,应补充覆土。每年都必须砍伐一定数量的竹子,以增加竹鞭腐殖质,使菌丝每年都有新的营养源。每年冬季必须清理1次,除掉杂草,疏松土壤,使菌丝得到一定的氧气,有利于子实体正常发生。

十一、林下栽培竹荪常见病虫害及防控

(一)软腐病

出现在覆土及菇蕾表面,呈短绒毛状紫红色霉斑,几天后菌丝迅速蔓延,发展成羊毛状的白网膜,覆盖菇体。菇体变黄,逐渐变成褐色而腐烂。

防治措施:原料暴晒,培养料含水量不超过60%;发病初期,立即用食盐水或0.5%甲醛液喷洒霉斑;清除已染病的菇蕾及覆土,另添新土,表面喷洒0.5%甲醛液或0.2%多菌灵溶液;成菇提前采收,并用5%石灰水浸泡,清洗后烘干。

(二)白　蚁

竹荪野外栽培包括林地、果园间套栽等,经常遭受白蚁危害,不仅菌床中的培养料、菌丝、菌索受损害,而且子实体也常被蛀,严重的可减产30%～35%。这是竹荪野外栽培危害极大的虫害之一。白蚁防治要将各种防治措施有机结合起来,才能取得较好的效果。

1. 挖巢灭蚁　根据蚁道寻找蚁巢,挖出后,用90%晶体敌百

虫 1 000 倍液或 50%辛硫磷乳油 1 000 倍液，泼浇蚁群。

2. 药液浇道 用上述农药沿菌床旁地面上的蚁道和附近受害树上的蚁道淋灌，直接杀死蚁群，尤其注意淋灌受害严重的树木根基部。灌注蚁道洞时，不要挖松周边土壤，让药液沿洞穴而流入蚁巢或白蚁地下通道，否则药液会扩散渗透至附近土壤中，降低药效。

3. 灭除成虫 5～6 月份是有翅蚁分群迁飞高峰，而且分群迁飞主要发生在大雨前后的傍晚，可及时在蚁巢分群孔旁，用树枝稻草生火，烧死或烧去有翅蚁的翅膀，使其附地被鸟、蛙食掉。有条件的可结合防治其他园林害虫，设置黑光灯诱杀有翅蚁。

4. 生物防治 多种蜘蛛可捕食白蚁，其中一种红胸蚁跳蛛（*Myrmarache* sp）个体虽不大，但 1 天可捕食 3～5 头白蚁的工蚁。用化学农药防治时，要注意保护此类天敌。

5. 补救措施 追寻蚁道，找到被白蚁危害处，挖开覆土，以菊酯类低毒农药喷洒，并撒上石灰粉，填入栽培料，播上菌种覆土，盖枝叶，使其重新发菌长菇。

第六章　林下栽培双孢蘑菇新技术

一、林下栽培双孢蘑菇对生长条件的要求

(一)温　度

双孢蘑菇属中低温结实性的菌类。在不同发育阶段对温度要求不同。菌丝生长的温度范围是4℃～32℃,最适温度为25℃左右。在适温条件下,菌丝生长粗壮浓密,再生力强。温度低于8℃时,生长缓慢;低于4℃则停止生长;温度高于27℃,菌丝虽生长迅速,但稀疏无力;超过33℃,生长不良,甚至停止发育,且易污染杂菌。

子实体生长发育的温度范围为8℃～22℃,最适温度为13℃～16℃。温度超过20℃时,子实体生长过快,菇柄瘦长,肉质疏松,菌盖薄,易开伞,品质低劣。低于12℃子实体生长缓慢,出菇数量减少;若低于5℃子实体停止生长。但在适温环境下生长的子实体大、肥厚、肉质致密,质量较好。

孢子散放的温度为18℃～20℃,萌发的最适温度为23℃～25℃。温度过高或过低,都会影响孢子的散放和萌发,特别是当温度超过27℃时,即使子实体相当成熟,也不能散放孢子。

(二)空　气

双孢蘑菇是好气性真菌,对二氧化碳十分敏感。菌丝生长阶段空气中适宜的二氧化碳浓度为0.1%～0.5%。原基形成和菇蕾长大时期,二氧化碳适宜浓度为0.03%～0.1%。子实体形成

时，二氧化碳浓度超过0.1%时，就会出现菌盖变小、菇柄细长、易开伞。

（三）湿　度

培养料含水量保持60%左右最适。如果含水量为50%，菌丝生长不良，且不易形成子实体；但含水量超过70%，菌料氧气减少，生长受到抑制，甚至导致菌丝窒息死亡，还易被杂菌污染。覆土含水量以18%～20%为宜，过干影响菇体正常发育或不出菇，直至幼菇萎缩。菌丝培养期间，菇房空气相对湿度保持在70%以下；出菇期间空气相对湿度以85%～90%为适，但也不可超过95%，否则易引起发病、杂菌侵袭。

（四）光　照

双孢蘑菇属异养型腐生真菌，不进行光合作用，所以不需要阳光。但微弱的散射光线，对双孢蘑菇子实体的形成有一定的促进作用。一般在光线较暗的菇房中生长的蘑菇，菌盖肥大，柄短而粗，色白肉嫩，质量较好；而在阳光直射或菇房内光线过亮的条件下生长的蘑菇，则是菌盖薄，菌柄长而细，开伞快，质量差。

二、林下栽培双孢蘑菇栽培方式与林地条件

（一）林下栽培方式

双孢蘑菇一般采用栽培房生产，菇房内设培养架5～6层，培养料铺在架床上播种覆土长菇，但这种方式不适于林下栽培。近年来，福建省成功研究了蔗园套种双孢蘑菇技术，利用甘蔗秆高的遮阴条件，在园沟上搭菇床栽培；相继四川省农业科学院成功研究了露地栽培双孢蘑菇新技术，很快推广667公顷，每667米^{2}产量高

达3 000～4 000 千克，为双孢蘑菇生产开辟了新的栽培空间，为林地栽培蘑菇创造出一种切实可行的生产方式。

（二）林地选择

作为栽培双孢蘑菇的林地，应选择土壤肥沃、团粒结构好的地表，而沙质土不适宜栽培。缓坡林最适，森林郁闭度以 70%～80% 为适。

（三）场地整理

作为露地栽培必须整理畦床，也称菇床。在离树 30～40 厘米处开畦，畦宽 1～1.1 米、深 25 厘米，长度一般 8～10 米为适。畦边垂直，畦面整平。畦床之间 50～60 厘米作为走道，以方便作业。在开好沟的畦床浇 1 次重水，以保持畦内水分。待水下渗后，畦床内外撒生石灰粉消毒，再喷 1 遍 50 倍敌敌畏溶液杀虫。在畦床上铺 1 层优质有机肥料。

三、林下栽培双孢蘑菇季节安排与适用菌株

（一）林下栽培双孢蘑菇季节安排

双孢蘑菇子实体发育最适温度为 16℃±1℃。其栽培季节应安排在秋冬长菇，并延续至翌年 5 月 1 日结束。我国南北省（自治区）所处的经纬度、海拔高度、地理气候不一，在安排生产季节时，要依据当地历年秋后气象资料，查出日平均温度稳定在 25℃～26℃的时段，为最佳播种期，再向前推 16～18 天就是栽培原料的建堆日期。适时播种后，经 1 个月左右进入始菇期，大致 50 天进入秋菇高峰期，此时日平均温度在 16℃左右，正是双孢蘑菇子实体生长的最适温度。

如果栽培季节过早，前期温度高，容易发生病虫害或死菌烂菇；过迟，则播种后发菌慢，出菇迟，产量受影响。一般 9 月初播种，秋菇高峰在 11 月份，产量占总产量的 70%；12 月份至翌年 3 月份低温不出菇；春季菇峰在 4 月份至 5 月下旬结束。

南方的福建、广东、广西等省（自治区），产菇季一般从 11 月中下旬开始至翌年 4 月中旬结束。长江流域、江苏、浙江等省，秋菇从 10 月上中旬起至 12 月中旬结束；冬季停止长菇，春季 3 月中旬起至 5 月份结束。北方的山东、河北、河南等省，堆料发酵宜在 8 月下旬开始，播种期安排在 9 月上旬；而华北地区出菇期安排在 10～11 月份与翌年 4～5 月份，冬季为休眠期。

(二)林下栽培双孢蘑菇菌株特征

1. 夏秀 2000 该菌株菌丝生长适宜温度为 24℃～36℃，最适出菇温度为 27℃～32℃，子实体能在 38℃下继续生长，并能承受一定时间的 40℃高温，属于高温型品种。

2. As2796 该菌株是我国具有知识产权的杂交品种，由福建省轻工业研究所王泽生等育成，是 20 世纪 90 年代以来我国栽培最广的高产、稳产优良菌株，近几年来在福建省的栽培面积占 90%以上，在全国已推广 2 亿多米^2。该菌株菇体圆正、无鳞片，有半膜状菌环，菌盖厚，组织结实，菌裙紧密、色淡，柄中粗较直短，无脱柄现象，每千克鲜菇为 90～100 只。菇体基本单生，1～4 潮菇产量结构均匀，通常是边长菇边扭结。鲜菇含水量较高，预煮率 65%，制罐质量符合部颁标准。此外，福建省审定的菌株还有闽 1 号、闽 2 号（As1671）、闽 3 号（As1789）和闽 5 号（As3003）。

3. 浙农 1 号 该菌株由浙江农业大学园艺系从 S-176 菌株中选育出来，1958 年通过轻工部鉴定，是大面积使用的高产、稳产菌株。该菌株菇体圆正结实，胖顶或平凹，无鳞片，菌柄粗而短，色泽洁白、菇型中等偏大，每千克鲜菇 60 个左右。品质较 S-176 菌株有很大改善，可作罐藏。预煮率63.7%，整菇率62%～77%。耐肥水，抗逆性强，土层厚度应控制在3厘米内，结菇率高，出菇早，转潮快，每平方米产菇9千克以上，高产的可达18千克。菌丝培养适温为20℃～25℃，出菇适温为10℃～20℃。

4. 苏锡1号　该菌株由无锡轻工学院从英国引进分离选育。高产性能显著，菇盖圆正、白色。

四、林下栽培双孢蘑菇的原料要求

(一)主要原料

双孢蘑菇属草生菌，常用稻草、麦秆、豆秸和其他禾本科植物茎叶作培养料。其中，以稻草和大麦秆最易腐熟，元麦秆和小麦秆次之。此外油菜、玉米秆等的茎叶，以及甘蔗渣、玉米芯等均可使用。培养料要求新鲜、干燥、无霉变。培养料中要配合适量牛、马粪。

(二)粪草比例

培养料粪与草合理搭配，一般采用6∶4(指干重比)的配比，即60%粪肥，40%茎秆；也可采用5∶5或4∶6的配比。使用质量较好的茎秆作培养料时，粪肥配比可适当低些；相反，则配比适当调高些。

(三)常用配方

按栽培100米^{2}面积计算配方用量如下。

配方1：干稻草1 500千克，干牛粪1 000千克，三元复合肥30千克，碳酸氢铵60千克，过磷酸钙40～50千克，石膏40～50千克，石灰30～40千克，水适量。

配方 2：干牛粪 1 000～1 500 千克，干稻草 1 500～1 750 千克，过磷酸钙 50 千克，尿素 15 千克，石灰 15 千克，石膏 50 千克。如所用牛粪质量较差或数量不足，应补充适量的饼肥或黄豆粉，每 100 $米^2$ 可加入 50 千克饼肥或 25 千克黄豆粉。

配方 3：干稻草 2 250～2 500 千克，饼肥 150 千克，尿素 30 千克，碳酸氢铵 15 千克，过磷酸钙 50 千克，石灰 15 千克，石膏 50 千克。

按上述配方每平方米投料 35 千克。

五、林下堆料发酵与翻堆

（一）原料建堆

双孢蘑菇培养料一般分为前发酵和后发酵 2 个阶段进行。前发酵主要是培养料进行混合堆制，其作用是原料吸收适量的水分，活化并积累微生物菌体，同时消耗易分解的可溶性有机物等。堆制时间一般需要 10～12 天。而后发酵是将经过前发酵的培养料搬到林地畦床上再堆放 3～5 天，然后用于播种。下面介绍前发酵的具体操作方法。

1. 场地准备 一般 1 吨堆料，其堆料场地长 0.8～1 米；50 吨堆料就需要 40～50 米长的场地，占地宽度 3～4.5 米。堆料场地最好是建有防雨棚、周围挖沟、不积水的场地。

2. 原料预湿 预湿的目的是使禾秆材料吸足水分，含水量须达到 70%～75%。在添加尿素时，把尿素溶解在水中，再喷洒到堆料上，这个过程一般需要 2 天。

3. 铺料建堆 先在地面铺 1 层厚 25～30 厘米的稻草，然后交替铺上牛粪 3～5 厘米厚，依次 1 层稻草、1 层牛粪，每层草粪料高度为 25 厘米，层数 10～12 层，堆高 1.5 米以上，铺料时稻草疏松抖散，边扎边切墙。盖粪要以上多，里面少，下层少，上层多。从第三层起开始加水，并撒尿素，逐层增加，顶层应保持牛粪厚层覆盖，顶部堆成龟背形。含水量70%，以建堆后有少量水流出为度。

(二)翻　堆

前发酵堆制期一般为12天，期间需翻堆3～4次。翻堆的目的是改变料堆各部位的发酵条件，调节水分，散发废气，增加新鲜空气，促进有益微生物的生长繁殖，升高堆温，加深发酵，促使培养料很好地转化和分解。

第一次翻堆是在建堆后3～4天进行。一般料温可达70℃～75℃，翻堆时改变堆形，沿长轴方向进行。堆基长度缩为1.5米左右，堆宽1.7米左右，高度不变，并浇足水分，分层加入尿素、过磷酸钙，堆后周围有少量粪水流出。

第二次翻堆是第一次翻堆后3天进行。堆温可达75℃～80℃。翻堆时料堆缩至1.6米，高度不变，长度缩短，并在料中打几排透气孔，抖散粪草，把石膏撒在粪草上。原则上不浇水，防止培养料酸臭腐烂。

第三次翻堆是第二次翻堆后2～3天进行。改变堆形，前后竖翻，料堆中间设排气孔，改善通气状况；将石灰和碳酸钙混合分层撒在粪草上。

翻堆次数多少，视天气和堆温变化而定，气温低的季节，一般需翻堆4次，间隔5、4、3、2天进行，堆制时间需14天。前发酵期料堆水分应掌握前湿、中干、后调整的原则。堆温70℃～80℃，有利于高温微生物的繁殖。

(三)发酵料标准

经过前发酵后的培养料，要求达到以下3条标准。

1. 外观　草料湿润有光泽，呈咖啡色，在干燥的部位可看到放线菌的白斑。

2. 基质 生熟度适中，草料有韧性，拉而不断。并有黏性，手握会沾料，指缝间可渗出少量水，含水量65%～68%，若料偏干可用石灰水调至适中，一般手握料有5～6滴水由指缝间渗出即可。

3. 气味 有氨气味和霉味，pH值7.8～8.5，含氮1.5%～1.8%，含氨0.15%～0.4%。

经过前发酵的培养料搬到林地堆放于畦床上，覆盖薄膜让其再行后发酵3～5天，然后进入播种。

六、林下栽培双孢蘑菇播种养菌与覆土

(一)播种方式

林下栽培播种方式可采取条播、撒播和穴播3种。目前，生产上多采用条播、穴播。条播是按料床10～15厘米的行距，挖深3～5厘米的浅沟，播入菌种后，覆盖培养料。穴播按行、株距8厘米×10厘米或10厘米×10厘米，穴深3.3～4厘米。操作时用竹片将蘑菇菌种播入穴中，盖上一层培养料。如果是麦粒菌种，可以采取撒播，先将料扒去2～3厘米厚，菌种均匀撒入，再覆盖培养料，每平方米用麦粒菌种1瓶。

无论采用哪一种播种方法，都必须注意3点：第一，播种前先检测料温和室温均在26℃以下时，方可进行播种。第二，不同型号的菌种不能混播，老化菌种不可取用。第三，菌种播后要及时覆料，以防菌种干燥失水，并轻轻压料，使料与菌种吻合，有利于尽快吃料、定植。

(二)发菌培养

播种后至覆土前，此阶段属于发菌培养期，管理上主要掌握好

以下4个关键技术。

1. 先湿后干　播种后的菇床覆盖报纸，纸面浇洒0.5%甲醛溶液，防止料内水分蒸发和病菌的孢子等侵入菇床。播种后6天内，菇房采取保温、微通风措施，促进菌丝萌发；第七天起至菌丝封面前，一般不浇水。

2. 控温通风　菌丝萌发期，室内温度以22℃～25℃为适。高于28℃时，菌丝生长稀疏、细弱无力、长速缓慢，就需早晚、夜间打开门窗和拔气筒通风降温，防止高温烧伤菌丝。播种7天后，菌丝便可向料内伸展。

3. 撬料透气　播种10天后，当菌丝伸入料层一半左右时，用1～2厘米粗的锥形木棒，自料面撬插至料底，间距15厘米左右。2～3天后，根据菌丝生长情况，再反方向进行1次，同时加大通风量，以改善料内通气，促进菌丝体迅速向深层伸展。一般播种后18～20天，菌丝可走到料底。

4. 吊引菌丝　菌丝走到料底后，要促使较快引生到料层表面，俗称"吊菌丝"。一般采用适度喷水增湿，使料内菌丝返回料面生长，以便正常进入覆土工序。

(三)覆土方法

覆土前1～2天，把料面拉平、轻拍，并认真检查料内是否有螨类。发现料内有螨类时，可利用中午气温较高时，采用73%克螨特2000倍液在菇床的正面、背面对培养料普遍喷治；然后封闭门窗、拔风筒，18～20小时后检查料面无螨类，即可覆土。

覆土时先覆粗土，将料面盖满，但不能重叠。6～7天后再覆细土。覆土层的厚度一般在3～5厘米，其中，粗土厚度2～2.5厘米，细土厚度1.5～2厘米。覆土层要求厚满均匀，以利于出菇整齐。

七、林下栽培双孢蘑菇出菇管理

覆土后至出菇前，管理技术主要是控温、调水、通风、增氧。

(一)掌握适温

子实体分化形成在5℃～22℃均可，但出菇期若遇连续几天23℃以上，会发生死菇，停止生长。因此，长菇期要控制最适温度，促进高产优质。

(二)调控水分

1. 压菌水 床面有菌丝冒出，已具备了结菇能力，此时应喷压菌水，同时加大通风，促使土面菌丝倒伏。喷水时应根据土层发菌情况掌握喷水量，一般每平方米料面喷水1升左右，分为早晚各1次进行，达到土层厚度的1/2浸透水的目的即可。喷水后结合强通风，使顶层约0.5厘米厚度的土面略有发白，菌丝伸入土层内横向生长，达到生理成熟，转向生殖生长。

2. 结菇水 在压菌水3天后喷施。根据基料及土层的含水状况，按每平方米用水量3升左右，分4次喷入。此次喷水以直喷到覆土层湿透水，但无下渗水为准。喷结菇水时，应加强通风，2～3天后，即可见有小菇蕾现出。

3. 出菇水 土面有菇蕾现出时进行，注意水温要与棚温相仿，不可使温差过大。有菇蕾的床面应多次、少喷，总量要足。喷水时土层中不要有水渗入基料。

4. 维持水 每天应根据温度、通风等情况，掌握喷水次数及用水量，保持空气相对湿度在90%左右，覆土面基本湿润。在通风孔处和近门口处有发白现象，均属正常。随着子实体的不断长大，喷水次数及用水量也应不断增加，直至菌盖直径1厘米时，可直接喷施食用菌三维营养精素溶液，并根据棚内湿度向子实体喷施，促使增产。

（三）通风增氧

长菇期保持菇棚内空气新鲜。如果进入菇棚感觉有异味说明氧气不足，要立即打开通风口。通风一般应掌握阴雨天、闷热、气压低的天气多通风；天气寒冷、干燥可少通风。喷水时注意将菇棚四周通风口打开，使内外空气交换，避免湿闷，以保护菌丝生命力，能持续不断地产菇。

八、菌床越冬管理

秋菇结束后，气温下降至5℃以下，子实体基本停止长菇。要使翌年春菇长好，菌床越冬管理是一个很重要环节。越冬管理时间一般从12月中下旬至翌年3月初。科学管理主要有以下4点。

（一）打扦透气

秋菇结束后，在菇床底料层普遍进行1次打扦。每隔13厘米见方打1扦，扦插土层，促使透气，排除二氧化碳和其他废气，恢复菌丝活力。

（二）清床松土

清理菌床、松动覆土，这是越冬管理中的一项重要措施。清床松土应在春节前后进行，松动土层，应区别不同状况进行。对土层板结的，先将覆土刮到一边，用竹签斜插入土层中部，撬动土层，除掉发霉的死菌丝和老菇根后，再将原土覆盖铺平。处理后喷1次重水，每平方米喷水170～200毫升，分2次喷施，3～5天后再覆1次土。对土层未板结的，不需刮开覆土，可直接扦插松土。若菌床内菌丝较差，不宜松土，待翌年3月中旬春菇前，将土轻轻松动即可。

（三）喷水追肥

冬季气候干燥，一般7～10天需喷水1次。用水量每次每平方米为0.5升，保持细土不发白，捏得扁，搓得碎，含水量在15%左右。要防止喷水过多，以免低温下的新发生菌丝遭受冻害。冬季结合喷水进行追肥，一般不喷清水而喷肥水，以增加土层中的养分，有利于菌丝复壮。追肥以猪、牛、人尿为好，也可用培养料浸出液，腐熟后煮沸过滤喷施，浓度在30%左右。

（四）通风保温

冬季气温低，菌丝生活力弱，为了维持菌丝正常生长，必须做好菇房保温工作。室温最好保持在3℃～4℃，同时注意通风，使室内空气新鲜。每天开南窗2小时，晴暖无风时，南北窗可同时打开；气温特别低时，可暂停通风，尽量使室温保持在0℃以上。

九、畸形菇表现与防控

（一）地 雷 菇

气温偏低，覆细土过迟、过湿，使子实体原基着生部位过低，原基在长大过程中受到周围土粒挤压，菇形不圆正，菇体形似地雷。

防止措施：喷水要适时、缓慢，并保持空气相对湿度在85%左右，促使菌丝向土面生长。

（二）伞 状 菇

气温突然下降，昼夜温差较大，使未成熟的幼菇发生菌褶与菌柄脱落,促成幼菇提早开伞。

防止措施:注意保温,并使菇床保持适宜含水量,保证幼菇在低温下健壮生长。

(三)空 心 菇

在出菇期间,空气相对湿度过低,菇体水分蒸发快,土面喷水少,土层过干,迅速生长的子实体得不到水分的补充,就会在菇柄产生白色疏松的髓部,甚至菇柄中空,产生空心菇。

防止措施:在蘑菇盛产期,要加强水分管理,及时喷水不使土层过干,使快速生长的子实体能够得到充足的水分,以减少空心菇的发生。

(四)球 形 菇

菇床面干湿不均、料层厚薄不匀,都会使几个或十几个子实体成丛条状地长在一处,形成大小不一的球状菇体。采摘大菇时,小菇受到牵连、损伤。球形菇拥挤成团,还会减少成品菇。

防止措施:料层尽量铺平,且厚度一致,菇床面保证干湿度基本一致。

(五)密 小 菇

由于覆土过薄,菌丝冒过细土;或水分管理断断续续,出菇不正常;或菌种活力弱,都会造成菇密而多,菇小体轻,质量差。

防止措施:采取追肥与增补覆土相结合的办法,保持正常湿度,防止密小菇的发生。

(六)薄 皮 菇

培养料发酵不足,过薄,过干,覆土含水量不够;出菇密度大,湿度偏高,子实体生长快,成熟早,均能造成菇柄细且薄。

防止措施：培养料要适度腐熟，料层要铺成一定厚度，不能过干，并注意控制出菇节奏。

（七）锈斑菇

子实体出土后，若床面湿度过大，菇盖上积聚水滴的部位，便会出现铁锈色的斑点，降低菇品质量。

防止措施：每次喷水宜微喷，并注意通风，及时散掉菇体表面的水分。

十、林下栽培双孢蘑菇发生死菇原因与防控

菇床上小菇突然萎缩，变黄，最后死亡。主要是由于气温突然升高，特别是冬初偶然出现“小阳春”。当第二批子实体原基形成时，气温突然回升，水分蒸发及菇体发育加快，基内水分少，营养供应不上，造成子实体原基成批死亡。因此，在出菇期必须密切注意气温变化，一旦气温回升，立即向过道、墙面喷水，加强通风排气、降温，以防死菇。

秋季如出现持续高温、床面的湿度过高时，正在生长的秋菇和刚出土的菇蕾就会发生变黄死亡，这也是高温引起的死菇。在高温条件下蘑菇呼吸作用加强，释放的热量和呼出的二氧化碳也都增多，所需的氧气也相应增加。因此，只有加强通风，供给充足的氧气，降低空气相对湿度，才能加速热量的散发，维持子实体正常的生命活动。

防止高温死菇的措施：当温度在22℃以上时，要尽量采取措施降低菇房温度，可在温度较低的晚间多开门窗通风；当温度在22℃以下时，床面停止喷水，菇房内不喷雾，这样能使死菇大大减少。

十一、林下栽培双孢蘑菇常见病虫害的防控

(一)褐斑病

褐斑病又称干泡病、轮枝霉病。常见病原菌为蘑菇轮枝霉(*V. Psalliotae Tresch*)。

1. 危害症状　该病菌危害子实体,菇盖初期产生小褐点,迅速扩大,一夜之间就发展至半个菌盖,甚至整个菌盖,并出现干硬裂痕。菇脚基部加粗变褐,外层出现唇裂状,菇盖变歪缩小。

2. 发病原因　褐斑病的侵染源来自覆土材料,而分生孢子是再次侵染源。经蝇、螨和采菇者身上而传播,喷水也是散播病原菌的重要途径。在20℃以下从感病至出现畸形症状大约为10天,而菌盖出现病斑只要3～4天。

3. 防治办法　加强生态环境控制,注意菇房的通风降温,停止喷水,降低温度。菇场四周废弃物应及时清理,经灭菌后,入粪池沤肥。菇房床架、地面、墙壁喷洒石灰水。及时将病菇烧毁,操作者双手和采菇用具应严格消毒。及时用菇净1 000倍液防治菇蚊、蝇、螨类害虫。

(二)白腐病

白腐病又称湿泡病,病原菌是疣孢霉菌。

1. 危害症状　白腐病是目前对双孢蘑菇危害最严重的病害。一旦感染此病菌,就会产生菇柄膨大变形、变质,并呈现各种歪扭的形状。有的菇盖表面长出不规则的瘤状突起,有的长成菇盖与菇柄没有区别的畸形菇。幼小菇蕾一旦受感染,即长成不规则的汤圆状。不论何种症状,病菇随即逐步变褐,并流出褐色汁液,有腐臭味。

2. 发病原因 多因培养料发酵灭菌不彻底，经蚊、螨及操作人员带入。

3. 防治办法 保持环境清洁、干燥、无污染杂菌、无积水，排放沟通畅，空气、水源清新、干净。选用抗性强和适宜出菇季节温型的品种，有利于消除或减少病虫害侵染的机会。

白腐病的孢子在52℃条件下，经12小时就能杀死。因此，培养料应采取二次发酵，可有效地杀死病菌。原料在日光下暴晒，利用太阳热能、紫外线或蒸汽杀菌；林地经常喷洒石灰粉消毒，同时注意通风。

第七章　林下栽培灰树花新技术

一、灰树花对生长条件的要求

(一)营　养

灰树花是一种木腐菌。人工栽培灰树花可采用杂木屑或农作物秸秆粉碎物作培养料。目前,多采用杂木屑、作物秸秆粉碎物及麸皮、米糠等作培养基,以塑料袋为容器栽培。

(二)温　度

灰树花属中温型食用菌类。菌丝耐高温性能较好,生长温度范围为5℃～32℃,适宜温度范围为20℃～25℃,菌丝在32℃时不会停止生长。子实体形成和发育的温度范围为10℃～25℃,原基形成的适宜温度为22℃,子实体生长发育的适宜温度为15℃～20℃。

(三)水　分

灰树花培养基含水量应控制在55%～65%,以60%为宜。子实体生长发育的空气相对湿度以85%～95%为宜,低于80%时成丛的子实体容易干枯死亡,特别是幼小的子实体。长期处于饱和湿度条件下,子实体原基容易腐烂。采用覆土栽培时,要选用疏松、富含腐殖质的菜园土,含水量以20%～22%为宜。

(四)空　气

灰树花是好氧性真菌,因其菌丝生长旺盛,子实体成丛,许多片状子实体造成表面呼吸面积大,因此需氧量比其他食用菌更多。菌种培养室和出菇场应选用通风条件较好的场所,出菇场还要选择地势稍高的地方,避免低洼过湿的场所。

(五)光　照

灰树花子实体形成需光,但光照强度要求并不严格,有 50 勒[克斯]以上的散射光就可满足出菇要求,出菇场所有 200～500 勒[克斯]的光照即可形成正常的子实体。目前,出口的灰树花干品质量要求色泽较浅。因此,栽培场的光照不必太强。

(六)pH 值

同其他大多数木腐菌一样,灰树花的基质环境要求偏酸性,pH 值以 5.5～6.5 为宜。

二、林下栽培灰树花场地与树龄

松林下栽培灰树花,在"七阴三阳"或"八阴二阳"的光照、水源充足、坡度在 12°～18°的缓坡林为最好。适宜的树龄因树种不同而有所差别,一般阔叶树的树龄需 7～8 年,速生树种需 3～4 年。郁闭度以 70%为宜。

林地整理时,先铲除灌木杂草,沿林行走向挖宽 1.2～1.5 米、深 20～25 厘米、长不限、走向与坡垂直的畦坑,将表层土块起出堆在一边,让其自然破碎,以后用作覆土。畦坑的上沿开好排水沟,沟端开纵沟,与各横沟串成排水系统,畦坑不宜太深,以免伤及树根和造成底面积水。

三、林下栽培灰树花适用菌株

迁西1号菌株，出菇适宜温度为20℃～30℃，抗逆性强，适于林下覆土栽培。

151号菌株，适宜袋料直接出菇，出菇温度为18℃～22℃，秋季投料，早春出菇。

小黑汀菌株，朵型小，色浅黑，风味浓，适于林下多种培养料栽培，出菇温度为18℃～25℃，转化率为120%，2008年4月份经国家食用菌品种审定。

四、林下栽培灰树花季节安排

根据灰树花种特性及当地的气候条件，进行安排生产。北方省（自治区）林下栽培的适宜出菇期在5月上旬至10月上旬。南方省（自治区）提前1个月即可。北方以河北省迁西县为准，此期的日平均温度15℃，最高温度22℃，正适合灰树花子实体生长。脱袋入土的时间应掌握在4月份，且宜早不宜晚。此期气温明显回升，5厘米地温达10℃左右。菌块入地后，菌丝萌发生长，菌块间逐渐连接为一体，这样不仅有利于出大朵菇，而且能提高抗杂菌能力。头潮菇单株朵大，产量高，质量好，可占总产量的40%。如脱袋入地的时间较迟（5月中旬以后），虽然出菇较快，菇蕾多，但由于菌块间未充分连接，营养不能集中，难以形成大朵菇，产量低，头潮菇的转化率一般不足20%。若入地栽培晚至7～8月份，不但气温高、杂菌滋生严重，而且第三潮菇未出完，即天气转凉停止生长，需第二年继续管理出菇，使生产周期延长，影响效益。

五、灰树花培养基配制

配方1:棉籽壳40%,栗木屑40%,麦麸17%,石膏1%,糖1%,磷肥1%。

配方2:木屑70%,麦麸20%,生土(20厘米以下的土壤)8%,石膏1%,糖1%。

配方3:杂木屑60%,玉米芯20%,米糠7%,玉米粉3%,腐殖质10%。

配方4:杂木屑55%,棉籽壳25%,麦麸18%,糖1%,石膏1%。

配方5:棉籽壳60%,杂木屑20%,麦麸16%,玉米粉3%,石膏1%。

栽培袋选择宽17～20厘米、长30～33厘米、厚0.05毫米的折角袋或桶袋,每袋装干料0.8～1千克;或者15.5厘米×55厘米的菌袋,每袋装干料1.5千克。

棉籽壳和麦麸不能发霉,粉碎木屑为不超过0.5厘米的颗粒料;按干料重量加110%～115%的水拌料,使含水量达57%～60%。湿度过大,子实体形成时渗出棕色液体太多,易导致子实体腐烂;湿度过小,菌丝生长疏松,难于形成子实体。每天拌好的料必须及时装袋,不能过夜。

河北省迁西县在配料中加入0.5%驱菌净,这种驱菌净是一种富含海泡石的矿物质,具有层状密集微小蜂窝状结构,它在pH值6.5以上条件下基本上没有作用,但在霉菌发生条件下,培养基酸化,pH值降低,吸附能力可以增强300～400倍,可以吸附霉菌孢子,减少霉菌扩散能力,从而达到控制污染的效果。驱菌净对有生长能力的菌丝吸附作用在于加强菌丝与培养料的密切程度,有利于营养物质吸收,从而达到增产效果。目前,海泡石矿藏在河北省、天津市均有储量,开发价格不高,但目前少有开发。建议有条件的可以用沸石替代，也可以起到相应作用。

六、菌袋培养管理技术

灰树花袋料栽培接种采用打开袋口接入菌种，操作按常规进行。

培养室入袋前要进行严格消毒。提前1天，把室内温度升至23℃～26℃。接完菌种的菌袋直立摆放于培养室内菌架上，菌架的每1层用纸板衬底，以减少划破菌袋造成微孔，每平方米可摆放50～70小袋。若是15.5厘米×55厘米的菌袋，可采取每4袋交叉平地重叠8～10层。距地表30厘米高处铺设木板垫平。垛与垛之间留人行道，在发菌室内留1垛空位之处，以便翻垛时使用。

菌丝长至直径5厘米左右时，开始脱去外套袋，同时进行倒垛和挑选出被污染的菌袋，并及时运出培养室。菌袋内菌丝吃料至一半时，培养室内温度要降至20℃～23℃，至料袋全部长满菌丝。菌袋培养保持室内黑暗，温度控制在23℃～26℃，以促进菌丝健壮生长。空气相对湿度保持在55%～65%。经7～10天培养后，菌丝已经封面，由于加温空气相对湿度往往低于55%，可以通过地面喷湿至55%～65%。定时通风，保持室内空气新鲜，天气晴朗时每天通风2次，每次通风10～30分钟，以降低培养室内二氧化碳浓度。翻垛2～3次即可。被污染的菌袋，应及时拿出室外或重新灭菌处理。

七、菌袋排场覆土

（一）灌水铺灰

排放菌袋的前1天，浇1次大水，以坑畦内积水10厘米左右为准。水渗干后，在畦底层放入一薄层石灰粉，目的是增加钙质和消毒，稳定出菇后期培养料内的酸碱度。然后在沟底铺少量生土。

(二)脱袋排场

将发好菌的菌袋脱去塑料膜，将菌筒运至栽培畦附近，按照每排4～5个，一个挨一个地单层顺畦摆满畦面。菌筒不要对缝排列，中间有自然缝隙，并以菌筒肩部摆平。不平的菌筒要在畦底部去土或填土，以上面平整为准。

(三)覆土保湿

菌筒排畦一半时，就可随时覆土，边排菌筒边覆土。先用松散细土填满与菌筒之间的空隙，再铺平畦面1～2厘米的土，表面尽量平整。覆土一定要干净，尽量少含有机肥和草根、草渣。

畦面覆土完毕后，即可灌水。灌水时最好用水勺均匀泼洒至覆土层完全湿透，也可用细水管轻轻直接浇灌。有时覆土层的土渗到空隙中，菌块露出表面，要及时用湿土填平。用塑料薄膜将坑槽四周包严。

(四)管理措施

早春栽培由于温度较低，排筒后每隔7～15天喷1次水。一般当畦内表层土壤手握成团，一触即散时就应喷水。喷水时要用一小块塑料布或编织袋垫在外围土层上面，防止溅起泥沙。棚的两端留有10～15厘米的通风口，有风时盖严，即有风防风、无风通风，保持棚内空气新鲜。排菌筒后要经常检查菇床情况，如发现有霉菌菌落时，要及早铲除，深挖掉带菌病袋，然后用湿润干净土填平。

八、林下栽培灰树花出菇管理

无论采用何种栽培模式，只要温度适宜，15～25天就可出菇。出菇管理技术主要掌握好以下几点。

（一）喷水保湿

出菇时菌筒含水量要达到65%～70%，畦内空气相对湿度要升至85%～95%。每天向畦内喷水3～4次，喷水次数和水量视天气和菇棚情况而定。晴天多喷，阴雨天少喷，甚至不喷；大风天气多喷，无风天气少喷；保湿好的菇棚少喷，保湿差的菇棚勤喷水；温度低时少喷，温度高时多喷，以保持菇棚湿度。

从原基形成至分化前，不能直接向原基上浇水，更不能用水淹没，可用喷雾器雾喷或向原基周围洒水增加湿度，一般需要3～5天。原基分化成子实体时，每天可浇1次水，让水从畦的一端刚能流到另一端即可，注意不要积水。浇水时不要溅起泥沙，只要用水淋湿菇体和畦的周围、保持畦内空气相对湿度即可。

（二）通风增氧

灰树花对二氧化碳十分敏感。原基形成后对氧气需求量增加，要加大通风量，减少畦内二氧化碳含量。同时结合水分进行通风，选在无风的早、晚温度较低时进行。在喷水的同时，将林下棚北侧薄膜掀起，通风半小时至1小时，通风时要用水淋湿子实体。对刚形成的原基要避开通风口，通风在其他部位进行。除定时通风外，还要在棚的两端留有固定性的通风口。在干旱季节，通风口要用湿草把遮上，使畦内透气又保湿。

(三)调控适温

灰树花子实体生长温度范围为 14℃～30℃，最适温度为 22℃～26℃。畦内温度超过 30℃时，就要通过加厚遮阳物、喷水和通风等措施来降温。畦内温度长时间处于 30℃以上时，就很难形成原基，因此，要防止高温危害。

(四)适当光照

原基形成以后需要较强的散射光，在畦的南面加盖草苫，使阳光不能直射畦内。严格控制直射光从北面塑料薄膜射入子实体。光照强弱影响灰树花的分化、菌盖颜色的深浅和香味的大小。注意光、温、水、气 4 个方面的相互协调。

九、林下栽培灰树花病虫害防控

(一)生理性病害

1. 长柄菇　由于光线太暗，形成分枝较少，不长菌盖或菌盖扁长的长柄菇，且颜色浅为白色，无香味。

预防措施：原基形成后，使畦内达到能读书看报程度的散射光，同时适度加强通风，保持每畦两端均有 10～15 厘米的通风口。

2. 白色菇　由于光线较暗，虽然能分化，但菌盖颜色浅或呈白色，蘑菇香味小。若菇棚搭建不合理，可在光线不太强的早、晚掀起草苫，照光 20 分钟至 1 小时，每天 1～2 次，照光时用水淋湿灰树花，直至灰树花颜色较深为止。

3. 黄斑菇　也称日灼菇。由于遮光措施差，阳光直射畦内，形成烧伤菇。原基阶段，被风吹干，轻者出现黄水珠，影响分化；严重者水珠被晒干，形成黄褐斑，不再分化。已分化的子实体重者被烧伤形成焦黄色。一般通过增加遮阴和减弱通风即可，中午高温时不通风，利用早晚通风，幼菇较多的畦少通风或不通风。

4. 小老菇 原基分化后呈白色的多孔层及菌孔，菇体小，浅白色老化，6～8 月份高温季节较多见。病因多为通风不良，菇体缺氧，可采取增加通风次数，并适当增厚覆土，以保证水分的供应。

5. 鹿角菇 菇体形似鹿角，有枝无叶或小叶如指甲，颜色浅白，无灰树花香味。多因光照不足，通风不良，氧气供应不足。根据出菇场地和菇体形状适当增强光照，在炎热天气早晚要延长通风时间。

6. 成菇腐烂 原基或菇体部分变黄、变软，进而腐烂如泥，并有特殊臭味。多发生在高温高湿的多雨季节，湿度过大，通风不良，感染病虫害或机械损伤所致。可采取增大通风量，降低湿度，防治病虫害。

(二)主要虫害

1. 跳虫 又名烟灰虫。它具有灵活的尾部，弹跳自如，体具蜡质，不怕水。常分布在菇床表面或潮湿阴暗处咬食子实体。出菇前发生可用 1 000 倍液的氰戊菊酯乳油加少量蜜糖诱杀。或用速灭杀丁涂于地瓜片上进行诱杀，出菇后一般不能直接使用农药，此时可利用新鲜橘皮 0.25～0.5 千克切成碎片，用纱布包好榨取汁液，再加入 0.5 升温水之后稀释 20 倍喷施 2～3 次，防跳虫有效率可达 90%以上。

2. 野蛞蝓 俗称鼻涕虫，系软体动物，身体裸露，无外壳。其畏光怕热，白天躲在砖、石块下面及土缝中，黄昏后陆续出来取食危害，天亮前又躲起来。可用 15～20 倍氯化钠溶液喷洒地面驱除成虫。晚上 9～10 时是它们集中活动时期，此时可进行人工捕捉。

第八章　林下栽培草菇新技术

一、草菇对生长条件的要求

(一)营养物质

草菇传统的栽培原料是稻草，实际上除稻草外，麦秸、稻壳、棉籽壳、废棉、玉米芯、甘蔗渣、芭蕉叶、棕榈叶、茶叶渣、野草等富含纤维素的材料，均可作为栽培的原料，这些原料为草菇生长发育提供充足的碳源和少量的氮源营养物质。添加适量的麦麸、米糠、豆粕、玉米粉、牛粪粉等，可提供更多的氮源营养物质和少量生长活性物质。其中，维生素就是不可缺少的，尤其是B族维生素对菌丝的生长有促进作用。此外，还要添加石膏、石灰、碳酸钙、过磷酸钙、硫酸镁等化合物，能为草菇提供钾、镁、铁、硫、磷和钙等矿质元素。

(二)温　度

草菇是高温、恒温结实性的菌类。菌丝体生长最适温度为32℃～35℃，高于42℃或低于15℃都会受到强烈抑制，5℃以下或45℃以上容易引起菌丝体死亡。子实体分化发育最适宜温度为27℃～31℃，23℃以下难以形成子实体，21℃以下或45℃以上菇蕾死亡。

(三)水　分

草菇菌丝生长阶段基质含水量要求在70%～75%，比其他菇菌高。子实体生长空气相对湿度要求在85%～95%，高于95%时菇体易腐烂，低于80%时菇体生长受到严重抑制。

(四)空　气

草菇好氧，当环境中二氧化碳浓度达0.1%时，就会抑制子实体的正常生长发育。菌丝生长不需要光线，但子实体原基分化和发育，300勒[克斯]强度的光线有利于着色，菇盖色深有光泽，组织致密；光线偏弱菇色浅，光泽暗淡，组织疏松。

(五)pH值

草菇喜碱性，菌丝体生长和子实体发育适宜的pH值为4.7～9.5，最适pH值为7.5～8.0，比其他菇类的pH值高1左右。

二、林下草菇栽培方式与场地选择

(一)栽培方式

林下草菇栽培方式，主要是露地畦床生料铺放播种长菇和培养料灭菌熟料袋装埋地覆土长菇2种方式。生料栽培比较简单，熟料栽培工艺复杂些。

(二)林阴郁闭度

根据草菇种性特征，森林郁闭度要求60%。北方苹果园7～8月份、南方柑橘园5～6月份较适合，海南省、广东省的香蕉果园，植株规格一般为2米×2.2米，每667米^{2}面积栽110～150株，植株间有足够的剩余空间用于栽培草菇。

(三)选地整畦

林下的土壤要求有机质多,而黏土或沙土不适宜。场地四周开好排水沟,翻土暴晒1～2天打碎,除草,在树木植株行间空地整理畦床,宽1米、长8～10米、高20厘米,畦距60厘米,中间压实,两边稍松。做畦后床面撒石灰粉消毒,并撒茶籽粕防蚯蚓,喷农药除土中害虫。

三、林下栽培草菇品种选择

草菇菌株的选育,各产区都在深入开展,目前在品种上存在着同种异名和异种同名的现象。下面介绍几种在现有菌种市场上适于林下栽培的菌株,供栽培者选用,见表8-1。

表8-1　草菇不同菌株种性特征

菌株代号	出菇温度范围(℃)	种性特征	种源单位
V23	25～38	深灰色至褐色,中大朵,椭圆形,包被厚而韧,不易开伞	福建三明真菌研究所 (0598)8243994
V3	28～36	深褐色至灰褐色,中大朵,长卵形,包被厚,不易开伞	华中农业大学菌种实验中心 (027)8736167
V118	28～36	灰褐色,中大朵,包被厚,不易开伞,出菇齐	江西抚州丁湖食用菌研究所 (0794)8412598
V25	27～35	灰偏黑,椭圆形,粒大,不易开伞,菇蕾密集	浙江省农科院食药用菌中心 (0571)86404017
V32	26～35	丛生或单生,顶黑基白、圆正,肥厚,不易开伞,出菇快	北京吉蕈园科技有限公司 (010)62733495

续表 8-1

菌株代号	出菇温度范围(℃)	种性特征	种源单位
草菇	21～32	灰黑色,椭圆形,产量高,适于稻草、棉籽壳栽培	四川锦羊市食用菌研究所(0816)2217324
V844	25～34	灰黑色,大粒型,肉厚,圆菇率高,抗逆性强	湖南农业大学食用菌研究所(0731)4618175
V5	24～33	黑灰色,中粒型,转潮快	河南省农艺科技工程有限公司(0371)65722860
V11	25～38	菌盖白色,基灰白,大粒,卵圆形,包被厚而韧,不易开伞,产量稳	山东省金乡真菌研究所(0537)8852477

上述菌株的出菇温度范围,仅作参考,引种时要查明该菌株的出菇最适温度,只有安排栽培季节才能对号入座,避免引种失误。

四、林下栽培草菇季节安排

根据草菇种性特征,顺应自然气候,栽培季节宜在夏季。但不同菌株对温度的要求有些差别,不同地区气候也存在差异,因此应根据草菇菌株的种性和当地习惯,安排生产季节。通常南方宜在5～10月份,北方6～8月份为宜。使接种后发菌与出菇的温度,都能在最佳的温度范围内。栽培季节播种期的框定,应以出菇温度为界限,即当地日平均温度稳定在27℃～31℃时,提前10～12天为最适播种时机。接种时间确定后,原种、栽培种制作应提前18～22天进行,母种培养需再提前8～12天,从而推算各级菌种的制种时间，以确保栽培时菌种的适时和适龄应用。

五、林下草菇生料扭把建堆栽培法

(一)产地选择

阳畦栽培场地应选择土质疏松、排水良好、有一定肥力的沙壤土。这种土壤既具有良好的保温、保水作用，又能通气透氧，并具有一定的营养。沙质太多，保水性差，保温能力弱，营养不足；过于黏重，透气性差、易板结，不宜作为栽培场地。另外，土壤酸碱度中性为好。场地靠近溪流、池塘、水渠等，以便于浸草处理。

(二)阳畦整理

选好地后将地表土挖松敲碎，剔除草根、石块，在烈日下暴晒1～2天后，按照南北走向做畦。畦宽100～120厘米，畦面中部略高呈龟背状，畦长根据地块大小而定。畦沟宽40～50厘米、深20厘米左右，既可灌水湿润畦土，平时又可作为管理采收的作业道。整个产地开挖中央排水沟和周边环形排水沟，具体深度视地下水位高低而定，以保持畦面湿润且不积水为原则。畦面上喷1%茶籽饼水和0.1%敌百虫杀灭地下害虫。

(三)堆草播种方法

林下稻草生料阳畦栽培，首先必须把稻草扭成草把，然后叠堆播种，一般一层草把料、一层种，交替堆叠成栽培草堆。具体方法主要有以下2种。

1. 草把集堆播种法 取干重500克左右的干稻草1束，用脚踩住尾部，手握头部用力拧转扭折，使头尾相并形成“8”字形的麻花状草把。草把大小可视稻草种类而定。高秆品种稻草较长，草把可大些，拧折后尾部还可以再反向回折。然后将草把浸泡，充分吸水软化。

堆草时，先用水浇淋畦面，离畦面边缘15厘米处沿边撒铺一条宽20厘米左右的环形辅料带，在辅料的中间位置播撒一圈宽3～5厘米的草菇草料和菌种，再把浸透水的散稻草，铺一薄层于畦面上。然后将浸透水的草把捞起，弯折端向外，沿着辅料和菌种带，紧压住菌种，密集排列一圈，踩紧踏实，圈内放些“填心草”。接着第二、第三、第四层以同样的方法步骤进行。草把堆叠时，上一层比下一层缩进3～4厘米，使草堆形成稳固的梯形，铲松草堆周边被踩实的畦面土壤，修通排水沟，最后畦堆上盖草被遮阴挡雨(图8-1)。

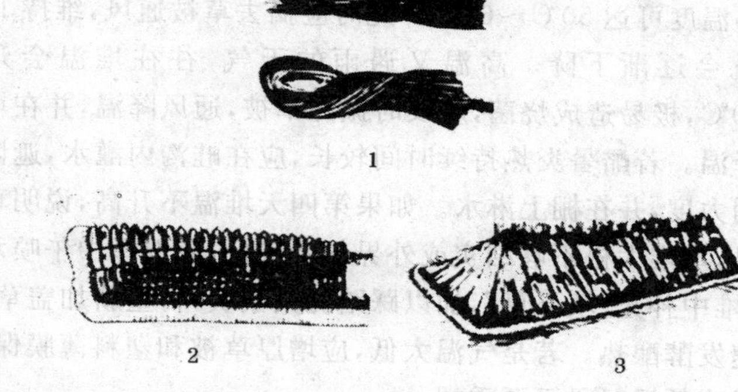

图8-1　稻草扭把建堆示意图

1. 扭把　2. 建堆　3. 盖被

2. 捆草集堆播种法　稻草较乱无序不整齐，堆草时无法捆扎成结实、大小均匀的草把，只能取干重1千克左右的干草把，稍加梳理顺直，捆成小把。将草把浸泡软化，堆草时同样先用水浇淋畦面，参照草把集堆播种法进行堆草播种，最后把草堆两侧的乱草修剪整齐，清理畦面乱草，铲松草堆周边被踩实的畦面土壤，并撒上少许辅料。最后畦堆两侧插上竹片拱架披盖草苫。

(四)栽培管理

1. 检查定植 播种后2～3天,及时检查菌丝是否萌发、吃料。如果菌丝已经萌发并开始吃料,属于正常。再过4～5天就能蔓延向上、下草料层,并向草堆外侧扩展。如果此时菌丝还没有萌发的,应分析原因,及时补救。若是因为菌种失去活力,应尽快补种;若是因为堆温太低而不萌发,应覆盖草被、薄膜;若菌种块已萌发,只是菌丝不吃料,多因料质偏酸,应松料让酸性挥发,料稍干后喷5%石灰水调节pH值。

2. 控制堆温 堆草后堆温会逐渐上升,一般要求建堆后2～3天,在草堆的20～30厘米处,温度能上升至32℃～35℃。至第四天堆中心温度可达50℃～60℃。此时应揭去草被通风,维持1～2天温度就会逐渐下降。高温又遇雨的天气,往往堆温会升至60℃～80℃,极易造成烧菌,应及时掀开草被,通风降温,并在堆中央喷水降温。若酷暑炎热持续时间较长,应在畦沟内灌水,遮阳棚加大遮阴力度,并在棚上淋水。如果第四天堆温不升高,说明草堆吸水不足,草堆太松不够结实或外界气温较低,应选择中午喷水补充,并在堆中补充"填心草",加以踩踏促其紧实,再重新加盖草苫,促使加速发酵酿热。若是气温太低,应增厚草被和塑料薄膜保温,尤其是早晚低温时段更要重视。

3. 控制水分 发菌期草堆的含水量要求在70%～75%,空气相对湿度要求在80%～85%。每天上午淋1次水,以喷湿草被为度,喷水量要灵活机动。风大空气温暖要多喷水,风小空气潮湿则少喷;干燥天要设挡风障并喷水,高温炎热时禁止喷水。雨天要注意遮披塑料布防雨,突发性的暴雨,草堆可能被淋透,应及时补救,可用干牛粪撒于堆面,或塞进下层草把缝隙中,以便快速吸湿,避免菌丝浸水。喷水还要掌握草堆情况,若草把湿润时少喷水,偏干需多喷。湿润与否看草色，也可从草堆中下部抽出数根稻草，用手扭转拧挤，以能挤出水珠又不会形成水滴为宜。

4. 调节覆盖物　低温时加厚覆盖物，要经常梳理打松。草苫覆盖通透性好，但保温能力、防雨性能较差，生产上经常会用到塑料薄膜进行覆盖。但要注意塑料薄膜通透性差，不可长时间的覆盖，否则草堆将发生厌氧发酵，导致草菇菌丝因缺氧而生长不良，因此应定期掀膜通风透气。

出菇阶段要求堆温控制在28℃～30℃。夏季若遇阴雨天气，应注意掀开草苫，加大通风量，促使堆内降温；暑热持续时间较长，应在畦沟内灌水，提高遮阴拱棚，加大遮阴力度，并在荫棚上淋水；若是气温太低，应增厚草被和塑料薄膜保温。

草堆含水量维持在70%～75%，空气相对湿度要求在85%～95%，同样靠喷水来完成。出菇期间，菇量多时，应多喷水；菇量少则应少喷。喷水是喷淋在草苫、草被上，让水自然渗透入草堆内。原基分化阶段最好不喷或少喷水，否则容易造成大量原基萎死。中午高温时，菇体呼吸增强，应加强通风换气。

一般播种后10～12天，稻草层交界处缝隙出现米粒样原基。此时，用竹片撑离草堆10～15厘米，在草苫上喷水，提高空气相对湿度，保持堆表面稻草湿润。若草堆表面过于干燥，可掀开草苫用喷雾器轻轻调湿，再盖上草苫。经过1～2天的保湿保温管理，草菇原基会大量形成。当原基长至黄豆大小时，可向草堆及菇蕾上轻喷水雾。在出菇阶段，保持堆表适宜温度在27℃～31℃，不超过45℃，不低于21℃。原基形成3～4天后，子实体长成鸡蛋状、包被即将破裂时即可采收。

六、林下草菇袋栽法

草菇袋料栽培实现“二区制”，即菌丝生长阶段可在独立的发菌室中培养，出菇可在独立的林下出菇场所进行管理。

(一)培养基配制

以稻草为主的配方为：稻草88%、麦皮11%、过磷酸钙1%。投干料55千克，可生产100袋，平均每袋装干料0.55千克。配制时将稻草放入石灰水池中用重物加压浸没，石灰水浓度4%(pH值为14)。一般浸泡6～10小时。浸好的稻草捞起后，尽快晾干或施重压沥去多余水分。含水量控制在70%～75%，用手抓紧稻草手缝间有一二滴水为适宜，而后用切草机将稻草切成长15～20厘米的短稻草。

(二)装袋灭菌

按照配方将各种辅料搅拌均匀后，撒入切好的稻草中，充分搅拌。采用折径宽22～24厘米、长55厘米的塑料袋。装袋后立即进行常压灭菌，3～4小时温度会升至100℃，继续保持4～6小时。灭菌时间不宜太长，以免培养料酸化。熟料栽培的作用是经过高温，使培养料中的营养物质热浸提出来，马上就可以被草菇菌丝所利用，所以容易获得高产。

(三)接种培养

料温下降至38℃以下即可接种。接种时将料袋解开，两头接种，菌种量以一瓶750毫升容量的菌种，接种12～14袋，袋口扎紧。接种后菌袋搬入培养室排列培养，室温保持在28℃～32℃，空气相对湿度在70%左右。当袋内两端菌丝生长至3～5厘米时，解开塑料带，将袋口松开，以增加氧气进入，促进菌丝生长。此阶段料温上升快，应防止料温过高，引起"烧菌"。一般培养10天左右菌丝可长满袋。

草菇袋栽还可采取"二次接种"，接种100个菌袋，用2袋菌种，将菌种捣碎撒在脱去塑料袋的菌袋间隙和料面上。二次接种第一潮菇大小均匀，现蕾期早1～2天，长2潮菇结束较早，产量高，可以有效解决草菇菌丝老化自溶，同时充分发挥表层菌种优势，结合边际效应特性而获得高产。

(四)出菇管理

当菌丝基本走透满袋，两端开始出现灰白色小点时，把袋子全部脱掉，排放在林下畦床上，波浪形垄式堆叠3～4层，行间距离40厘米左右，盖上薄膜。2天后打开薄膜，加强通风透光，每天通风3～4次，每次10～20分钟。出菇期温度应控制在28℃～32℃，尽量采取措施，减小温差，空气相对湿度保持在85%～90%，在95%以上时菇体易腐烂，切忌向幼蕾直接喷水。同时注意通风换气，避免强光直照。

七、林下草菇菌砖栽培技术

草菇菌砖栽培法源于山东省夏津县蔬菜局再祥春(2010)研究成果，适于林下栽培。

(一)林地选择与处理

林木要求郁闭度60%～70%、坡度在12°的缓坡林为适，靠近水源，土壤为富含有机质的沙壤土。

清除场地杂草，翻地松土，并喷洒浓石灰水，驱杀土中害虫。然后做东西向的平畦，畦宽1米，畦长视场地大小而定，畦四周挖宽10厘米的小沟。也可做成半地下式浅畦，深6厘米左右，使料块略高于地面。两畦之间距离50厘米，中间挖一条浅沟。畦上用竹片搭成拱形棚架，棚高50～70厘米，两侧用竹竿或木棒固定，棚顶覆盖塑料薄膜，四周用土将塑料薄膜压住。场地四周挖深30厘米的排水沟。

(二)培养料的配制和发酵

北方栽培草菇的主要原料是麦秸、棉籽壳。麦秸质地比较坚硬,蜡质多,栽培前应先将其压扁破碎,再用1%石灰水浸泡1夜,使其软化和吸足水分。然后进行堆积发酵3～5天,当温度上升至50℃时,翻堆1次。发酵良好的麦秸,质地柔软且有一定弹性,表面脱蜡,无异味,含水量为70%,pH值为8。以棉籽壳为培养料的,按棉籽壳50千克,加过磷酸钙0.5%、尿素0.1%、石灰2%,料水比为1∶1.5。棉籽壳吸湿性及持水率较低,pH值也较低,使用前应用2%～3%石灰水浸泡或添加2%石灰堆积发酵,使其pH值上升至9。堆积发酵3～4天,翻堆1次。

(三)菌种的选择

草菇菌株V04和V35比较适合在麦秸、棉籽壳和废棉上栽培,表现为高产、稳产、抗逆性强。尤其是V35菌株更适于麦秸栽培,菌丝吃料快,出菇早,菇蕾密,生物转化率可达35%。

(四)草砖压制和播种

将三面固定、一面活动的木制模框(长70厘米、宽33厘米、高35厘米)放在地棚的畦面上,先在模框内铺一层发酵好的培养料,适当平整压实,四周撒上菌种,接着在上面铺一层培养料,这样共铺4层培养料、3层菌种。第三层菌种应撒在整个料面上,最上一层培养料要适当薄些,料铺好后,用木板稍加压实,除去模框,即成草砖。草(料)砖之间,应有20厘米以上的间距,以利通风、透光和给子实体生长提供空间。

(五)播种管理

播种后的草(料)砖,用塑料地膜覆盖,以保温、保湿。维持料温在36℃左右,不要低于30℃或超过40℃,保持4天左右。而后喷出菇水1次,喷水后要适当通风换气,否则菌丝会徒长。6～7天后菌丝开始扭结形成原基,菇房空气相对湿度保持在90%～95%。2～3天后便长出小菇蕾,此时子实体的呼吸作用增强,要及时进行通风换气,以保持菇棚内空气新鲜。通风换气要根据气候变化进行,气温低时在午前午后进行,气温高时要在早晚进行。这样既能达到通风换气的目的,又能保持菇房适宜的温湿度。维持料温在33℃～35℃,空气相对湿度在90%左右,保持一定的散射光。此时,菇棚内的温度变化不宜太大,也不宜用强风直吹床面,切忌北风直吹菇棚里面,否则会导致幼菇大量死亡。不能用水直接喷幼菇,湿度不够大时,用30℃左右的水喷雾。堆料播种后10～15天(最快的1周左右)就开始出菇,掌握成熟期,及时采收。

八、香蕉果林间种草菇技术

我国南方广东、广西、福建等省、自治区香蕉树是大宗的经济果树,栽培面积大,林间套种草菇前景广阔。

(一)香蕉林间套种草菇方式

香蕉树树冠高,遮阴好,林下湿度高,透气好,为草菇栽培提供了得天独厚的生长条件。香蕉的种植规格一般为2.25米×2.7米或2米×2.2米,每667米^{2}植110～150株。因此,香蕉园内有很大一部分剩余空间。

由于香蕉林环境粗放,为确保栽培成功,在南方蕉林套种草菇采用熟料袋栽方式,待菌丝满袋后将菌包摆放在香蕉植株行间畦面上，让其出菇。地栽的工艺包括室内菌包的生产和培养、室外蕉园排场管理出菇。

(二)蕉园套种草菇生产安排

选择管理看护方便、地势平坦、远离污染源、排灌方便、水源充足、遮阴性较好的成林蕉园。栽培的草菇菌株应选择抗逆性强、适应性广的中、高温型及广温型高产菌株。结合当地气候条件安排生产，既要满足出菇时对温度的要求，又要考虑菌丝生长对温度的要求，尽可能在利用自然温度条件下完成全生产过程。通常选择在3～6月份接种，5～10月份出菇为宜。

(三)场地清理净化

出菇场地准备，将菌包搬至香蕉园前2～3天，先将蕉园内2行香蕉树之间的空行地除草、整平，然后用0.3%敌敌畏溶液或每100米^{2}蕉园地用福尔马林500克、敌百虫100克加水50升或其他无公害农药喷雾，再在地面均匀撒1层石灰粉以杀死蕉园内的害虫。最后在地面上铺上1层农用薄膜，以便于行走操作，同时防止喷水或下雨时泥浆溅至菇体上影响产品的商品性。

(四)排袋出菇管理

将长满菌丝的菌包搬至蕉园内，可直接堆放在2行香蕉树的空行上，高度在30～50厘米，长度依蕉园地势而定。也可用竹竿或木头做成架子，将菌包堆在架上充分利用空间。为了预防鼠害和其他人、畜破坏，可以在蕉园四周用塑料膜或石棉瓦围成高1米左右的栅栏。香蕉园栽培草菇的出菇管理与其他场地栽培的管理基本相似，但由于蕉林遮阴性、通透性好。因此，管理上主要侧重于湿度和温度的调节，场地空气相对湿度最好维持在85%～90%，温度控制在所栽品种的适宜出菇范围。如果蕉园遮阴不够，则要考虑加遮阳网遮阴。出菇期间蕉园喷药时，应先用塑料膜盖好菌包，以防农药喷到草菇子实体上。

九、林下草菇生长死菇原因与防止

在草菇生产过程中，常见到成片的幼菇萎蔫而死亡，给草菇产量带来严重的损失。幼菇死亡的原因很多，主要有以下几点。

(一)培养料偏酸

草菇喜欢碱性环境。pH 值小于 6 时，虽可结菇，但难于长大，酸性环境更适合绿霉、黄霉等杂菌的生长，争夺营养引起草菇的死亡。因此，在配制培养料时，适当增加料内 pH 值。采完头潮菇后，可喷 1%石灰水或 5%草木灰水，以保持料内 pH 值在 8 左右。

(二)温度骤变

草菇生长对温度非常敏感。一般料温低于 28℃时，生长就会受到影响，甚至死亡。温度变化过大，如遇寒潮或台风袭击，则会造成气温急剧下降，导致幼菇死亡，严重时成菇也会死亡。因此，要注意控制温度突变，采取应急措施降温。

(三)喷水不当

草菇要求水的温度与菇房温度相差不多。如在炎热的夏天喷 20℃左右的井水，则会导致幼菇死亡。因此，喷水宜在早晚进行，水温以 30℃左右为好。

同时掌握正确的喷水方法。若子实体过小、喷水过重，就会导致幼菇死亡。在子实体针头期和小纽扣期，料面必须停止喷水；如料面较干，也只能在菇房的过道里喷雾，地面洒水，以增加空气相对湿度。

(四)采菇损伤

草菇菌丝比较稀疏,极易损伤,若采菇时动作过大,会触动周围的培养料,造成菌丝断裂,周围幼菇菌丝断裂而使水分、营养供应不上。因此,采菇时动作要轻。采菇时一只手按住草菇的生长基部,保护好其他幼菇,另一只手将成熟菇拧转摘起。如有密集簇生菇,则可一并摘下,以免由于个别菇的撞动,而造成多数未成熟菇死亡。

十、林下栽培草菇病虫害及防治措施

(一)鬼　伞

鬼伞是草菇的主要竞争杂菌。菇床上发生的鬼伞主要有毛头鬼伞、长根鬼伞、墨汁鬼伞、光头鬼伞。鬼伞形态见图 8-2。

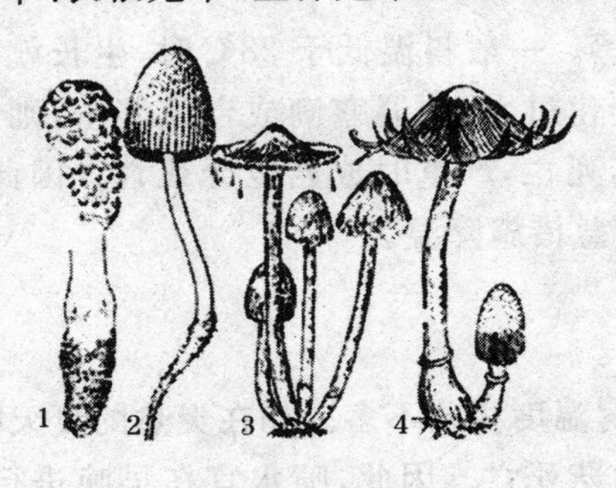

图 8-2　鬼伞形态

1. 毛头鬼伞　2. 长根鬼伞
3. 墨汁鬼伞　4. 光头鬼伞

鬼伞多发生在草菇覆土之前,覆土之后则很少见。鬼伞出现在料堆周围或床面上,发生很快,从子实体形成至溶解成黑色黏液团,只需 24～48 小时。鬼伞与草菇争夺培养料,影响草菇产量。

避免发生鬼伞,主要从以下几个方面入手。

1. 优化基料　选择新鲜干燥和无霉变的稻草和棉籽壳为原料,用前日晒 2～3 天,以防原料带菌。配料时应掌握适宜的碳氮比和 pH 值，防止料中游离氨过多和偏酸，引起鬼伞的暴发。

2. 抑制发生　提高堆料堆温，降低氨气含量，防止培养料过湿，以便抑制鬼伞生长。若堆料周围长有鬼伞，应注意将产生鬼伞的料，翻入中间料温高的部位，以便杀死鬼伞孢子。培养料进房后，进行发酵处理，进一步将残存的鬼伞孢子杀死。

3. 及时处理　菇床上一旦发生鬼伞，应及时摘除销毁，以免成熟后孢子四处传播。同时降低菇房空气相对湿度，加强通风，并在发生处用 pH 值为 14 的石灰水涂刷，防止复发。

（二）疣孢霉病

疣孢霉病又叫湿泡病、白腐病，是由疣孢霉菌引起的真菌性病害，是危害草菇的重要病害之一。受感染的草菇子实体原基表面有一层密而柔软的白色菌丝，子实体内部变成暗褐色，质软而有臭味，并从内部渗出褐色液体。

防止疣孢霉病主要要做好菇房通风换气，并适当降低空气相对湿度。菇房在使用前要严格消毒。旧菇房内的床架及各种用具可用 0.1%甲基硫菌灵或 5%甲醛喷洒消毒，也可用浓石灰水涂刷。菇房门、窗及通气孔应安装纱窗，以防昆虫带菌传播。疣孢霉孢子在 52℃以上的环境中，12 小时便可被杀死。因此，培养料堆制发酵时，堆温必须控制在 60℃～70℃，且维持 1～2 天再翻堆。培养料发酵 2 次，可以彻底杀灭疣孢霉孢子。覆土材料先暴晒3～5 天。子实体发生侵染时，应尽快摘除，并在患处涂刷百菌清 800 倍液，控制蔓延。

（三）菌 核 病

菌核病，又称白绢病、罗氏菌核病，病原菌是草菇菌核病菌（*Sclerotium rolfsii*）的无性世代。其菌丝白色，密集成层，菌孢小核菌可抑制草菇菌丝体生长;病菌侵害菇体基部,有黏性,最后整个菇体软腐。

防止菌核病发生,首先搞好产地环境卫生,并进行消毒灭菌;原料选择新鲜、没有霉烂变质的稻草,使用前最好在太阳下暴晒2～3天;用5%～7%石灰水浸泡2天;棉籽壳料可堆积发酵4天;覆土用3%甲醛溶液消毒。发生病菌感染的部位,可用5%石灰水处理或撒少量石灰粉,控制病害蔓延有一定的效果。

十一、林下栽培草菇采收及管理

草菇生产周期短,从接种至菇蕾形成需8～12天,现蕾4～5天后,菇体就能达七成熟。此时草菇苞膜未破,呈椭圆形或卵形或三角形,在不变软之前,就应及时采收。否则极易破膜开伞,一旦外菌膜破裂,就会降低甚至失去商品价值。一般每天采菇3～5次,采大留小。采收时,一手按住菇体生长部位的培养料,一手抓住菇体基部,轻轻扭下,切勿伤及未成熟的幼蕾。采摘下来的菇体,立即用小刀将基部杂物削除干净,再分级包装。

每一潮菇采尽后捡尽残菇,挖除菇脚,整理好料面,喷洒1%石灰水补充培养料含水量;然后盖上薄膜或关闭菇房门窗,继续培养让菌丝恢复。过3～5天又可形成第二潮原基,随后如同第一潮菇一样进行出菇管理。一般长2～3潮菇,第一潮菇占产量的70%左右,第二潮占20%左右,潮次越多产量越低。

周年栽培采收1～2潮后,就应清理菇房床架上的培养料,用清水冲洗干净,进行空间消毒后,迎接下一轮的栽培。

第九章　林下菇菌采收加工与菌渣处理

一、林下菇菌采收技术

(一)掌握成熟标准

林下菇菌栽培品种不同,但成熟标志基本相似。凡是伞菌类的品种,采收期应掌握在子实体八成熟时开伞。八成熟的标志为菌盖伸展,盖边不上翘;菌盖表面干爽不饱湿;菌褶复射顺直,不倒纹。适时采收品质好,价位高。过熟采收菌褶孢子弹射,反而菇体膨松,重量减轻,品质变差,等级下降,价位降低,影响生产效益。

(二)采菇方法

根据采大留小的原则采收。摘菇时左手提菌筒,右手大拇指和食指捏紧菇柄的基部,先左右旋转,再轻轻向上拔起。注意不要碰伤周围幼菇蕾,不让菇脚残留在菌筒上。如果菇菌生长较密,基部较深,可用小尖刀从菇脚基部挖起。采摘时不可粗枝大叶,防止损伤菌筒表面的菌膜。

(三)采前不喷水

采收前不宜喷水,因为采前喷水子实体含水量过高,无论是保鲜还是脱水加工菌褶都会变黑,不符合出口色泽要求,商品价值低。

(四)菌筒养护

采收后的菌袋,应及时排放于畦床的排筒架上,喷水罩紧薄膜保温、保湿,并按照各季长菇管理技术的要求进行管理,使幼蕾继续生长。冬季在揭开薄膜采菇时,应特别注意时间,不能拖延过长,以防幼蕾被寒风吹萎。

二、林下鲜菇就地整理包装方法

无论什么品种保鲜,最基本要求是保持原有的形态、色泽和田园风味,要达到这个标准,保鲜加工技术关键把握以下几点。

(一)冷库设施

根据本地区栽培面积的大小和客户需求的数量,确定建造保鲜库的面积。其库容量通常以能容纳鲜菇 3～5 吨为宜。也可以利用现有水果保鲜库贮藏。

保鲜库应安装压缩冷凝机组、蒸发器、轴流风机、自动控温装置、供热保温设施等。如果利用一般仓库改建的保鲜库,也需安装有关机械设备及工具等。冷藏保鲜的原理是,通过降低环境温度来抑制鲜菇的新陈代谢和抑制腐败微生物的活动,使之在一定时间内,保持产品原有的鲜度、颜色、风味不变。

(二)鲜菇要求

保鲜出口菇品要求朵形圆正,菇柄正中,菇肉肥厚,卷边整齐,色泽深褐,菇体含水量低,无黏泥、无虫害、无缺破,保持自然生长的优美形态。符合要求者作为冷藏保鲜,不合标准者作为烘干加工处理。如果采前 10 小时喷水,就不符合保鲜质量要求。

(三)晾晒排湿

经过初选的鲜菇,一朵朵菌被朝天摊铺于晒帘上,及时置于阳光下晾晒,让菇体内水分蒸发。晾晒的时间,秋冬菇本身含水率低,一般晒3～4小时;春季菇体含水率高,需晒6小时左右;夏季阳光热源强,晒1～1.5小时即可。晾晒排湿后的标准是,以手捏菌柄无湿润感,菌褶稍有收缩。一般经过晾晒后,其脱水率为25%～30%,即每100千克鲜菇晒后只有70～75千克的实得量。

(四)分级精选

经过晾晒后的鲜菇,按照菇体大小进行分级。香菇、双孢蘑菇等品种采用白铁皮制成"分级圈",进行精选,剔除菌膜破裂、菇盖缺口以及有斑点、变色、畸形等不合格的等外菇。然后按照大小规格分别装入专用塑料筐内。

(五)入库保鲜

分级精选后的鲜菇,及时送入冷库内保鲜。冷库温度应掌握在0℃～4℃,使菇体组织处于停止活动状态。入库初期,不剪菇柄,待确定起运前8～10小时,才可进行菇柄修剪。如果先剪柄,容易变黑,影响质量。因此,在起运前必须集中人力突击剪柄。香菇柄保留的长度按客户要求一般为2～3厘米,剪柄后纯菇率为85%左右,然后继续入库冷藏散热,待装起运。

(六)包装起运

鲜菇保鲜包装箱,是采用泡沫塑料制成的专用保鲜箱,内衬透明无毒薄膜,每箱装10千克。另一种采用透明塑料袋小包装,每袋200克、250克不等,采用白色泡沫塑料盒,每盒装6朵、8朵、10朵不等,排列整齐,外用透明塑料保鲜膜包裹。然后装入纸箱内,箱口用胶纸密封。包装工序需在保鲜库内控温条件下进行，以确保温度不变。

鲜菇包装后采用专用冷藏汽车，夜以继日迅速送达目的地。

三、超市 MA 保鲜加工

塑料薄膜封闭气调法，也称简易气调法或限气贮藏法，简称 MA 贮藏。在全国各地超市的冷柜内，经常可以看到用保鲜盒、保鲜袋包装的新鲜的白灵菇、杏鲍菇、秀珍菇、金针菇、香菇等菇品，这是利用 MA 贮藏鲜菇的形式。

(一)MA 保鲜原理

MA 贮藏保鲜法是在一定的低温条件下，对鲜菇进行预冷，并采用透明塑料托盘，配合不结雾拉伸保鲜膜，进行分级小包装，简称 CA 分级包装。然后进入超市货架展销，改观购物环境，这在国内外超市极为流行。这种拉伸膜包装的原理，主要是利用菇体自身的呼吸和蒸发作用，来调节包装内的氧气和二氧化碳的含量，使菇体在一定销售期间，保持适宜的鲜度和膜上无"结霜"现象。近年来随着超市的风行，国内科研部门极力探索这种超市气调包装技术。

(二)保鲜包装材料

现有对外贸易上通用塑料袋真空包装及网袋包装外，多数采用托盘式的拉伸膜包装。托盘规格按鲜菇 100 克装用 15 厘米×11 厘米×2.5 厘米；200 克装用 15 厘米×11 厘米×3 厘米；300 克装用 15 厘米×11 厘米×4 厘米。拉伸保鲜膜宽 30 厘米，每筒膜长 500 米，厚 10～15 微米。拉伸膜要求透气性好，有利于托盘内水蒸气的蒸发。目前，常见塑料保鲜膜及包装制品有：适于菇品超市包装的密度 0.91～0.98 克/厘米^3 的低密度聚乙烯(LKPE)；还有热定型双向拉伸聚丙烯材料制成极薄(<15 微米)(OPP)防结雾的保鲜膜,这些薄膜有类似玻璃般的光泽和透明度。托盘聚苯乙烯(PS)材料,利用热成塑工艺,制成不同规格的托盘。

(三)套盘包装方法

按照超市需要的品种,区别菇品大小不同规格进行分级包装。包装机械采用日本产托盘式薄膜拉伸裹包机械和袋装封口机械,有全自动和半自动 2 种。现在国内多采用手工包装机。包装台板的温度计为高、中、低 3 档,以适应不同材料及厚度的保鲜膜包装用。包装时分别按菇体大小不同规格,香菇以鲜品 100 克量,托盘排放时分为 L 级大 4 朵,M 级中 5～6 朵,S 级小 8 朵,形成一盘形态美观的菇花。袋装标准 500 克量。包装时将菇品按大小、长短分成同一规格标准定量,排放于托盘上,要求外观优美,菇形整齐,色泽一致;然后用保鲜膜覆盖托盘,并拉紧让其紧缩贴于菇体上即成。一个熟练女工每小时可包装 100 克量的 300～400 盒。

(四)产品分级标准

保鲜菇品的等级标准,按照各个品种市场需要制定。规格上分为 A、B、C、D、E 5 个级别,分级标准是以菇盖直径大小、开伞程度、菌柄长短、朵形好坏和色泽程度来划分。

(五)商品货架保鲜期

鲜菇 MA 贮藏保鲜,在超市冷贮货柜上 0℃～4℃ 条件下贮藏。商品货架期可达 20～25 天。

四、林下鲜菇脱水干制加工技术

脱水烘干是鲜菇加工的一个重要环节。我国现有加工均采取机械脱水烘干流水线，鲜菇一次进房烘干为成品。具体技术应按照 NY/T 1204—2006《食用菌热风脱水加工技术规程》。

(一)精选原料

鲜菇要求在八成熟时采收。采收时不可把鲜菇乱放，以免破坏朵形外观；同时鲜菇不可久置于 24℃以上的环境中，以免引起酶促褐变，造成菇褶色泽由白变浅黄或深灰甚至变黑；同时禁用泡过水的鲜菇。根据市场客户的要求分类整理。大体有 3 种规格：菇柄全剪、菇柄半剪(即菇柄近菇盖半径)、带柄修剪。

(二)装筛进房

把鲜菇按大小、长短、厚薄分级，摊排于竹制烘筛上，菌褶向上，均匀排布，然后逐筛装进筛架上。装满架后，筛架通过轨道推进烘干室内，把门紧闭。若是小型的脱水机，则只要把整理好的鲜菇摊排于烘筛上，逐筛装进机内的分层架上，闭门即可。烘筛进房时，应把大的、湿的鲜菇排放于架中层；幼菇、薄菇排于上层；质差的或菇柄排于底层，并要摊稀。

(三)掌握温度

起烘的温度应以 35℃为宜，通常鲜菇进房前，先开动脱水机，使热源输入烘干室内鲜菇一进房就在 35℃下，其菇盖卷边自然向内收缩，加大卷边比例，且菇褶色泽会呈蛋黄色，品质好。烘干箱内从 35℃起，逐渐升温至 60℃左右结束，最高不超过 65℃。升温必须缓慢，如若过快或超过规定的标准要求，易造成菇体表面结壳，反而影响水分蒸发。

(四)排湿通风

鲜菇脱水时水分大量蒸发，要十分注意通风排湿。当烘干房内空气相对湿度达70%时，就应开始通风排湿。如果人进入烘房时骤然感到空气闷热潮湿，呼吸窘迫，即表明空气相对湿度已达70%以上，此时应打开进气窗和排气窗进行通风排湿。干燥天和雨天气候不同，鲜菇进烘房后，要灵活掌握通气口和排气口的关闭度，使排湿通风合理，烘干的产品才能色泽正常，脱水过程的通风排湿技术适宜。

(五)干品水分测定

经过脱水后的成品，要求含水率不超过13%。测定含水量的方法：感官测定，可用指甲顶压菇盖部位，若稍留指甲痕，说明干度已够。电热测定可称取菇样10克，置于105℃电烘箱内，烘干1.5小时后，再移入干燥器内冷却20分钟后称重。样品减轻的重量，即为干品含水分的重量。

鲜菇脱水烘干后的实得率为10∶1，即10千克鲜菇得干品1千克。但烘干不宜过度，否则易烤焦或破碎，影响商品质量。

五、菌渣排放处理方法

林下菇菌栽培方式不同，菌渣处理有别。

(一)带袋长菇菌渣处理

露地排袋或林间吊袋栽培的品种，其取完产品后，将废菌袋集中起来，排叠于林间日晒晾干，空闲时将脱膜碎料机运至山场，进行脱膜打碎废菌料，用编织袋包装，用以加工林果专用肥。

(二)覆土栽培的废渣处理

覆土栽培的鸡腿蘑、灰树花、竹荪等品种收完产品后，进行畦床清理，然后撒上石灰粉就地排放，让林木根部直接吸收，增加有机肥。

(三)有问题菌袋处理

袋栽的品种如香菇、黑木耳、猴头菇、灰树花等,在发菌培养阶段局部被杂菌污染或发菌管理失控,菌袋生理生长不正常或错过最佳时期等原因造成菌袋不出菇,称为“哑袋”。此类菌袋可以用作再种菇原料。只要集中起来通过机械进行脱膜碎料处理,用于栽培不同类型的品种。

六、菌渣开发生产肥料

(一)茶果专用肥

废菌袋通过破碎机,分离出菌渣,摊放于水泥坪上暴晒至含水量在13%左右。然后按菌渣87%、钙镁磷8%、钾肥5%配比混合后,通过搅拌机搅拌均匀,集堆加盖3~5天,使磷、钾肥渗透菌渣。然后通过输送带将肥料传至分装机的料斗上,进行计量包装。一般每袋装30千克较适。茶果专用肥,主要用于茶叶、桃、李、柚、苹果、梨、香蕉等水果的山场施肥;也是作为蔬菜、土豆等干旱作物的基肥。菌渣肥料疏松、透气性好,施用后在土壤中进一步分解具有良好通气、蓄水能力的腐殖质,能增强山地、旱地作物土壤的透气性,有利于根条发达,促进茶果增产。

(二)生物有机肥

以菌渣为原料,增加适量的营养物,接种微生物,固体发酵培养,使菌渣中的有机物得到更进一步的降解腐烂,被土壤的微生物和农作物利用,同时还能改良土壤和植物的微生态环境。陕西省微生物研究所吴富强(2009)做了这方面研究开发。

1. 堆肥熟料 按菌渣85%、麦麸5%、矿物质10%、含水量50%～55%的配方，pH值自然。经过0.11～0.12兆帕灭菌1小时，待料温降至室温后，用1号和5号菌种，按3%接种于料内。在26℃～28℃环境中培养，观察菌丝吃料和有效细菌含量。

2. 生料堆肥 按菌渣87%、麦麸4%、矿物质9%、含水量50%～55%的配方，接种量15%，堆置发酵，中间翻堆，并观察发酵温度的变化。

3. 产品标准 通过生、熟料堆制后，菌渣生物有机肥含菌量(个/克)细菌6.6×10^9，放线菌3.8×10^8，霉菌4.0×10^7，总细菌数7.0×10^9。其生物菌有机肥，有效活菌数和有机质均大于国家标准，是一种上好的生物有机肥。

(三)浸制营养液

用清水浸泡菌渣，取其浸出液，用来作叶面肥喷施茶叶、瓜果、蔬菜等均可，既可增加营养，又可提高抗病力，营养液还可作为浸种用，能提高发芽率。

七、菌渣再利用种菇技术

(一)废料直接野外畦栽竹荪

将污染袋进行简单处理，可以直接用作野外生料免棚栽培竹荪。具体方法如下。

1. 污染袋处理 无论是银耳还是毛木耳、黑木耳的菌袋，受杂菌污染的程度无论是多少，均可收集破袋取料，加入3%石灰粉拌匀，然后成垛，使石灰粉在料内杀菌。经2天时间的“闷堆”后，把料摊开，让阳光暴晒至干备用。

2. 配料比例 栽培竹荪的原料采用各种竹、木类、农作物秸秆、籽壳、野草等均可。

配方 1:污染料 60%,杂木片 18%,大豆秸秆 20%,过磷酸钙 1%,石膏粉 1%。

配方 2:污染料 50%,棉花秆或玉米秆 30%,杂木片 19%,过磷酸钙 1%。

配方 3:污染料 35%,竹片(竹丝、竹屑均可)30%,杂木屑 19%,棉籽壳 15.4%,混合肥 0.6%。

以上配方污染料为主体,配合其他原料,均要晒干。由于各地原材料资源不同,配方中所需配合原料,可以就地取材,选用相似的其他秸秆原料代替,其效果一样。配料时按上述原料混合,加入清水。料与水的比例为 1∶1.5,含水量 60%左右。

3. 堆料播种 竹荪采用生料野外免棚栽培新技术。其栽培场所十分广泛,林地、果园、山坡林果山场的空间地均可套种 。畦床宽 1.4 米,长度视场地而定,四周开好排水沟。栽培季节以春季为好,通常南方惊蛰开始,北方可适当推迟。菌种选用高温型棘托竹荪,夏季出菇。播种时,先将备好的配料采取 2 层料 1 层菌种的播种法。可先把杂木片全部撒铺于畦床上,再以污染料总量的 50%加大豆秆总量的 50%,铺放在木片上压平,然后在料上播竹荪菌种,撒播或点播均可,再把剩下的 50%污染料和大豆秆铺放于菌种上面。最后覆土 3 厘米厚,覆土的含水量以 18%为适。每平方米用竹荪菌种 4～5 瓶(袋)。

4. 间套作物 播种 10 天后,在畦床每隔 1 米位置,套种玉米 1 穴,玉米与玉米之间再套种大豆 1 穴,形成高低秆作物互衬,起遮阴作用。然后用茅草或玉米秆将覆土层遮盖 3～4 厘米。

5. 出菇管理 在自然气温条件下,一般播种后经 30 多天的发菌培养,菌丝即可蔓延料层,逐渐由营养生长转入生殖生长,菌丝爬向覆土层,形成菌索。在菌索尖端扭结成米粒大的白色原基,并逐渐长大。此期要求空气相对湿度在 85%,接种后 45～50 天形成菌球，长菇期正值6～9月份高温季节，在菌球生长期，早晚必须各喷水1次，空气相对湿度保持在90%～95%，短时间内破口，尽快抽柄散裙。竹荪菌裙下散时间，多在上午9～12时，少量在下午3～4时。开始散裙就应及时采收，否则过期，易造成子实体自溶。采收后可整朵晒干或用脱水机烘干，因产品回潮性极强，干品应用双层塑料袋包装，扎好袋口。

(二)菌渣袋栽金针菇

1. 菌渣配制　配方为菌渣70%、棉籽壳16%、麦麸10%、碳酸钙1.5%、尿素0.5%、蔗糖1%、石灰1%，料水比为1∶1.2。配制时先将菌渣开袋取出，打碎晒干，加入石灰搅拌，然后调水拌匀，含水量掌握在60%左右。

2. 装袋灭菌　栽培袋规格为17～18厘米金针菇专用袋，通过机械或手工装料压实后，袋口三角折覆盖。每袋装干料200～250克，湿重450～550克。然后置于常压灭菌灶内，以100℃保持18～20小时，达标后卸袋冷却。

3. 接种培养　金针菇属于低温结实型的菌类，栽培季节一般宜在晚秋和初冬，北方可提前1个月。待料温降至28℃以下时，打开袋口接入菌种。接种后置于室内发菌，避光养菌。室温前期23℃～25℃，中期18℃～23℃。发菌培养时间25～30天。

4. 出菇管理　当菌丝长至培养料2/3后，可搬入菇棚内，逐袋摆放于畦床上。如果是架层栽培，层距45厘米，可按75袋/米^{2}摆放。金针菇属低温型、喜湿性菌类，菌丝培养适温为16℃～24℃，子实体发生适温为4℃～18℃，最适温为8℃～12℃，低于6℃生长缓慢，超过18℃生长逐步加快，颜色变褐，且菇柄短，易开伞，还常出现烂菇等现象。当气温降至18℃以下时，进行温差及光线刺激7天，袋内上部分，分泌出黄褐色细水珠，随之出现丝状的小幼蕾，此时可将袋口解开，向外翻折离料面5厘米，以增加氧气，空气相对湿度保持在85%～90%，地面四周喷水，防止幼蕾干枯。当幼蕾长至2～3厘米高时，门窗遮阴，不宜强光照射。随着菇柄伸长，袋膜也随之拉直，上部敞口用地膜或报纸覆盖，以免因喷水造成袋内积水烂菇，晚上应开门通风。金针菇产量集中在第一、第二潮。当每一潮菇采收后，袋面培养料应挖弃1～2厘米，重新补充水分，继续培养7～10天后，促进原基发生，形成下一潮金针菇。整个生产周期为70～85天。生物转化率达100%。

（三）菌渣栽培鸡腿蘑

鸡腿蘑又名毛头鬼伞，属于草类生型菌类，适应性极广，利用菌渣栽培可获得理想效果。其具体操作技术如下。

1. 集堆发酵 先将废袋去掉袋膜，将废筒打碎。再按菌渣干料量折算加入5%麸皮、1.5%～2%石灰，调至含水量在60%～65%，即用手紧捏，指缝间有水印出现。把配制搅拌均匀的培养料堆成梯形，下部宽1.5米、上部宽1.2米、高1.2～1.5米，长度不限，然后在料堆中间每隔50厘米放直径8～10厘米的木棒或竹杠。待堆料完成后，抽出木棒形成通气洞，再在堆两侧各打2～3排同样的空洞，以利于堆内通气，形成好氧发酵。如遇雨天应用塑料薄膜遮盖，雨后立即去掉。发酵8～10天后，中间要进行翻堆，一般隔天进行。发酵好的料呈棕褐色，不黏、无臭和无酸味，pH值为7～7.5。

2. 配料装袋 把以上发酵好的料，再按干料加入15%麸皮、2%玉米粉、1%碳酸钙、0.5%过磷酸钙，调料含水量达55%～60%。然后装入17厘米×33厘米×0.05厘米的聚丙烯折角袋内，每袋装料湿重1千克，高度12厘米，中间打洞，并用橡皮筋扎口。把装好的料袋，再装入洗净的废旧饲料编织袋内，每袋装20～30小袋，把袋口扎牢。

3. 常压灭菌 先在地上用砖头和木板垫高20厘米、长3米、宽1.5米的底垫，然后把装好料袋的编织袋，依次排叠于底垫上，各层均与下层交错排放。这样有利于堆的稳定牢固，并形成交错的空间，有利于蒸汽的循环，使灭菌彻底。这样堆码一般5～7层，每堆可灭菌2 000～3 000袋。堆码后先盖上1层塑料编织袋麻袋类的保温层，再盖上塑料彩绦布的保护层，最后用麻绳在外面扎牢，用石头压紧。采用50加仑汽油桶加热送蒸汽灭菌，一般每灶灭菌2 000～3 000袋，要用3～4个汽油桶，500～600粒直径约10厘米、高7厘米的蜂窝煤。在3～4小时，把堆温升至100℃，然后保持16～18小时，冷却后按无菌操作要求进行接种。

4. 发菌培养　接种后把菌袋排放在架床上，每平方米可排放70～80袋，温度控制在22℃～28℃、空气相对湿度在70%以下，光线宜暗。经过35～40天菌丝可发满袋。

5. 覆土出菇　长满菌丝后剪去袋口薄膜，留3～5厘米长余膜。覆盖经消毒过的泥土，覆至袋口平。先把泥土加工成0.5～1.5厘米的土粒，经消毒处理。覆土后泥土要喷水调成土粒用手捏能扁、手搓能成团的湿度标准。如果捏碎，搓不成团，应喷水补充。当见到土缝间幼菇蕾出现时，不要喷水，以免水分偏高，会使幼菇色泽加深直至黑褐色。空气相对湿度应保持在80%～90%，同时要经常通风换气，使室内空气新鲜，光线也要调亮一些，散射光对菇蕾的分化有促进作用。每潮菇采后，要喷水把土粒调到如前所述的程度。

覆土后因气温的高低，会影响到出菇的迟早，但对总产量似乎影响不大，一般春季在3月下旬至5月上旬，秋季10月上旬至11月中旬为最佳出菇季节。一般春季袋产量可达200～300克，秋季袋产量150～200克。9月中旬后温度30℃左右，应把袋内疏松覆土倒掉，重新覆土，促使长出第二潮菇。

(四)菌渣栽培大球盖菇

菌渣通过发酵配制，在室外免棚栽培大球盖菇，接种后 60 天出菇，每平方米可采收鲜菇 10～15 千克，低成本、高产量、高效益。具体方法如下。

1. 菌渣发酵 将菌渣集中在水泥坪上，割掉薄膜袋，取出菌渣，打散晒干。然后按菌渣 70%、棉籽壳 10%、杂木屑 10%、稻草 7%、石灰 3%配料，料水比为 1∶1.3。将上述料混合均匀，再加入石灰溶水反复搅拌后，整堆发酵 15 天，中间进行翻堆 3 次。达到料疏松，无氨气即可。然后播种时再加清水，含水量掌握在 60%左右。

2. 栽培季节 大球盖菇一般 9 月中旬至 11 月份播种，11 月份至翌年 3 月份为长菇期。

3. 场地处理 因地制宜选用水稻收割后的田地，将收割后剩余的稻根压平。也可以利用果园、林地作栽培场，但要靠近水源，以方便管理。

4. 铺料播种 将发酵料铺于压平稻根的畦床上。畦床宽 1 米左右，长度视场地而定。铺料 15 厘米厚，播入大球盖菇的菌种，每平方米使用菌种 5 瓶。然后在田地挖沟深 20 厘米，宽 50 厘米。将挖出的泥土打碎，覆盖于畦床上，厚 3～4 厘米，畦床表层覆盖稻草 5～6 厘米。菇棚不必遮盖，利用地温地湿自然生长。若气候干燥时，应加水浇湿床面草料。

5. 出菇管理 播种后的 1 个月左右，菌丝基本走满床内，并爬向床面，菌丝色泽白，粗壮密集，播种后 45～60 天可出菇，此时在畦床上插拱条，用遮阳网罩盖。管理过程既不要使料内过湿，也不要让料内干燥，做到适量喷水。如气候干燥要床面喷水，渗透床内菌丝。温度在 15℃～23℃时，子实体生长发育良好。菇蕾发生至成熟，一般需 5～10 天。大球盖菇宜在未开伞前采收，其味道、口感为佳。现有市场主要是鲜销或加工盐渍上市。

参考文献

［1］ 黄年来．中国食用菌百科［M］．北京：农业出版社，1993.

［2］ 黄年来，等．中国食药用菌［M］．上海：上海科技文献出版社，2010.

［3］ 邱晓岚．中国大型真菌［M］．郑州：河南科学技术出版社，2000.

［4］ 丁湖广．四季种菇新技术疑难题 300 解［M］．北京：中国农业出版社，1992.

［5］ 赵荣艳．金福菇栽培技术［M］．北京：金盾出版社，2006.

［6］ 张维瑞．草菇袋栽技术［M］．北京：金盾出版社，2007.

［7］ 韦仕岩，等．高温食用菌栽培技术［M］．北京：金盾出版社，2007.

［8］ 涂改临．致富一方双孢蘑菇产业［M］．北京：金盾出版社，2008.

［9］ 丁湖广，等．香菇速生高产栽培新技术(第二次修改版)［M］．北京：金盾出版社，2008.

［10］ 赵国强．灰树花无公害栽培实用技术［M］．北京：中国农业出版社，2011.

［11］ 丁湖广，彭彪．名贵珍稀菇菌生产技术问答［M］．北京：金盾出版社，2011.

怎样提高荔枝栽培效益 9.50
怎样提高种西瓜效益 8.00
怎样提高甜瓜种植效益 9.00
怎样提高蘑菇种植效益 12.00
怎样提高香菇种植效益 15.00
提高绿叶菜商品性栽培技术问答 11.00
提高大葱商品性栽培技术问答 9.00
提高大白菜商品性栽培技术问答 10.00
提高甘蓝商品性栽培技术问答 10.00
提高萝卜商品性栽培技术问答 10.00
提高胡萝卜商品性栽培技术问答 6.00
提高马铃薯商品性栽培技术问答 11.00
提高黄瓜商品性栽培技术问答 11.00
提高水果型黄瓜商品性栽培技术问答 8.00
提高西葫芦商品性栽培技术问答 7.00
提高茄子商品性栽培技术问答 10.00
提高番茄商品性栽培技术问答 11.00
提高辣椒商品性栽培技术问答 9.00
提高彩色甜椒商品性栽培技术问答 12.00
提高韭菜商品性栽培技术问答 10.00
提高豆类蔬菜商品性栽培技术问答 10.00
提高苹果商品性栽培技术问答 10.00
提高梨商品性栽培技术问答 12.00
提高桃商品性栽培技术问答 14.00
提高中华猕猴桃商品性栽培技术问答 10.00
提高樱桃商品性栽培技术问答 10.00
提高杏和李商品性栽培技术问答 9.00
提高枣商品性栽培技术问答 10.00
提高石榴商品性栽培技术问答 13.00
提高板栗商品性栽培技术问答 12.00
提高葡萄商品性栽培技术问答 8.00
提高草莓商品性栽培技术问答 12.00
提高西瓜商品性栽培技术问答 11.00
图说蔬菜嫁接育苗技术 14.00
图说甘薯高效栽培关键技术 15.00
图说甘蓝高效栽培关键技术 16.00
图说棉花基质育苗移栽 12.00
图说温室黄瓜高效栽培

关键技术 9.50
图说棚室西葫芦和南瓜高效栽培关键技术 15.00
图说温室茄子高效栽培关键技术 9.50
图说温室番茄高效栽培关键技术 11.00
图说温室辣椒高效栽培关键技术 10.00
图说温室菜豆高效栽培关键技术 9.50
图说芦笋高效栽培关键技术 13.00
图说苹果高效栽培关键技术 11.00
图说梨高效栽培关键技术 11.00
图说桃高效栽培关键技术 17.00
图说大樱桃高效栽培关键技术 9.00
图说青枣温室高效栽培关键技术 9.00
图说柿高效栽培关键技术 18.00
图说葡萄高效栽培关键技术 16.00
图说早熟特早熟温州密柑高效栽培关键技术 15.00
图说草莓棚室高效栽培关键技术 9.00
图说棚室西瓜高效栽培关键技术 12.00
北方旱地粮食作物优良品种及其使用 10.00
中国小麦产业化 29.00
小麦良种引种指导 9.50
小麦科学施肥技术 9.00
优质小麦高效生产与综合利用 7.00
大麦高产栽培 5.00
水稻栽培技术 7.50
水稻良种引种指导 23.00
水稻良种高产高效栽培 13.00
提高水稻生产效益 100 问 8.00
水稻新型栽培技术 16.00
科学种稻新技术(第 2 版) 10.00
双季稻高效配套栽培技术 13.00
杂交稻高产高效益栽培 9.00
杂交水稻制种技术 14.00
超级稻栽培技术 9.00
超级稻品种配套栽培技术 15.00
水稻旱育宽行增粒栽培技术 5.00
玉米高产新技术(第二次修订版) 15.00
玉米高产高效栽培模式 16.00
玉米抗逆减灾栽培 39.00
玉米科学施肥技术 8.00
甜糯玉米栽培与加工 11.00
小杂粮良种引种指导 10.00
谷子优质高产新技术 6.00
豌豆优良品种与栽培技术 6.50
甘薯栽培技术(修订版) 6.50
甘薯综合加工新技术 5.50

甘薯生产关键技术 100 题 6.00
甘薯产业化经营 22.00
棉花高产优质栽培技术（第二次修订版） 10.00
棉花节本增效栽培技术 11.00
棉花良种引种指导(修订版) 15.00
特色棉高产优质栽培技术 11.00
怎样种好 Bt 抗虫棉 6.50
抗虫棉栽培管理技术 5.50
抗虫棉优良品种及栽培技术 13.00
花生高产种植新技术（第 3 版） 15.00
花生高产栽培技术 5.00
彩色花生优质高产栽培技术 10.00
花生大豆油菜芝麻施肥技术 8.00
大豆栽培与病虫草害防治(修订版) 10.00
油菜芝麻良种引种指导 5.00
油菜科学施肥技术 10.00
油茶栽培及茶籽油制取 18.50
双低油菜新品种与栽培技术 13.00
蓖麻向日葵胡麻施肥技术 5.00
甜菜生产实用技术问答 8.50
甘蔗栽培技术 6.00
橡胶树栽培与利用 13.00
烤烟栽培技术 17.00
烟草施肥技术 6.00
啤酒花丰产栽培技术 9.00
寿光菜农日光温室黄瓜高效栽培 13.00
寿光菜农日光温室冬瓜高效栽培 12.00
寿光菜农日光温室西葫芦高效栽培 12.00
寿光菜农日光温室苦瓜高效栽培 12.00
寿光菜农日光温室丝瓜高效栽培 12.00
寿光菜农日光温室茄子高效栽培 13.00
寿光菜农日光温室番茄高效栽培 13.00
寿光菜农日光温室辣椒高效栽培 12.00
寿光菜农日光温室菜豆高效栽培 12.00
寿光菜农日光温室西瓜高效栽培 12.00
蔬菜灌溉施肥技术问答 18.00
现代蔬菜灌溉技术 9.00
绿色蔬菜高产 100 题 12.00
图说瓜菜果树节水灌溉技术 15.00
蔬菜施肥技术问答(修订版) 8.00
蔬菜配方施肥 120 题 8.00
蔬菜科学施肥 9.00
露地蔬菜施肥技术问答 15.00
设施蔬菜施肥技术问答 13.00
无公害蔬菜农药使用指南 19.00